书山有路勤为径，优质资源伴你行
注册世纪波学院会员，享精品图书增值服务

DEEP UNDERSTAND BLOCKCHAIN

Broadening Business Boundaries with Technology

深解区块链

用技术拓宽商业的边界

孙霄汉 ◎ 著

电子工业出版社
Publishing House of Electronics Industry
北京·BEIJING

图书在版编目（CIP）数据

深解区块链：用技术拓宽商业的边界 / 孙霄汉著. —北京：电子工业出版社，2022.7
ISBN 978-7-121-43691-8

Ⅰ. ①深⋯　Ⅱ. ①孙⋯　Ⅲ. ①区块链技术　Ⅳ. ①TP311.135.9

中国版本图书馆 CIP 数据核字（2022）第 095469 号

责任编辑：吴亚芬
印　　刷：涿州市般润文化传播有限公司
装　　订：涿州市般润文化传播有限公司
出版发行：电子工业出版社
　　　　　北京市海淀区万寿路 173 信箱　　邮编：100036
开　　本：720×1000　1/16　印张：13.75　字数：220 千字
版　　次：2022 年 7 月第 1 版
印　　次：2022 年 10 月第 2 次印刷
定　　价：78.00 元

凡所购买电子工业出版社图书有缺损问题，请向购买书店调换。若书店售缺，请与本
社发行部联系，联系及邮购电话：（010）88254888，88258888。

质量投诉请发邮件至 zlts@phei.com.cn，盗版侵权举报请发邮件至 dbqq@phei.com.cn。

本书咨询联系方式：（010）88254199，sjb@phei.com.cn。

推荐序一

朱嘉明

经济学家，横琴数链数字金融研究院学术与技术委员会主席

"如果时机还不成熟，我们就必须让它成熟。"

——多萝西·海特，美国活动家

进入 21 世纪以来，各类高新技术的发展如火如荼，日新月异，让人眼花缭乱。其中，与提高人类经济活动和生活水平有着千丝万缕关系的，毫无疑义的是信息与通信技术，因为它已经和继续改变着经济与社会的结构、形态，构成了数字经济时代的重要基础结构。

但是，科学技术的发展，并不是可以必然终结经济危机、社会危机和政治危机的。2008 年的全球金融危机具有典型意义，并产生了三个方面的重大后果：其一，强化了金融监管机构的监管，从制度上全方位预防经济危机的爆发；其二，改变了各国传统的货币政策，自此货币宽松政策常态化；其三，基于信息与通信技术，区块链支持的以比特币为代表的全新数字资产类型开始崛起。

在上述三大后果中，第三点具有革命性意义。在过去的 12 多年间，不论是狭义的加密数字货币，还是广义的数字资产，关于数字金融的不断演变都是信息与通信技术持续"溢出"的结果。人们从中意识到，通过使用密码学等技术性手段，不仅可以便利人与人之间的价值流通，而且可以实现人与机器之间和机器与机器之间的价值流动。进一步而言，通过数字资产的流通，可以绕开和改变传统中心化金融体系，打破大户设置的行业壁垒，最终有利于"普惠金融"体系的形成。加密货币交易所 Coinbase 在纳斯达克的成

功上市正是这个趋势的"注脚"。

正是在这样的背景下，孙霄汉博士撰写了这本书。这本书翔实记述了作者自 2014 年进入区块链技术研究和商业应用领域后对区块链行业的技术理解和行业观察。作者开篇即点明区块链最重要的特点是为社会提供了一种新的运作模式，在这种新的运作模式下每个人都既可以是生产者，也可以是消费者。

全书突破了人们对于区块链的传统的所谓去中心化和信任机制的刻板印象，引导读者看到区块链技术所蕴含的深刻的社会和人文意义，展现了关于"机器经济"和"设备民主"的探索式思考，指出区块链和活跃用户数无关，但是与智能设备的接入数量强相关。作者最后预言，未来的商业格局将会由传统企业、互联网企业和区块链企业"三分天下"，独立发展。当然，这样的预言是否成立，需要时间验证。

这本书还告诉读者，要想全方位认知区块链的历史地位，人们还需要更为广阔的视角。如果对照着看信息与通信技术的整体飞跃发展，则可以发现各类型技术发展的协同作用越来越重要。现在可以清楚地看到，Web 3.0、大数据中央和分布式存储方式、物联网构建、人工智能优化、量子计算的成熟，相互作用，融合成长。因为有这样的科技发展环境，区块链可以获得日益广阔的落地场景。所以，作者在书中指出："创业者在'All In'区块链时，需要充分考虑区块链的生产关系与大数据、人工智能、物联网等技术的融合创新，惊喜往往来自一次意外的'化学反应'。"现在数字经济所容纳的多重技术的组合应用，不断改变着传统的基础设施，推动着人类社会的数字化转型。无论是区块链本身，还是与其他技术相组合，都并非所谓的万能钥匙。例如，区块链并不能直接解决在新冠肺炎疫情中表现明显的数字鸿沟等基础社会问题。高度区块链化的数字社会和传统工业社会之间的人类发展差距越来越明显：来自传统工业社会中的低技能劳动力会在高度区块链化的数字社会中无所适从，难以获得向上的社会流动性。例如，据报道，中国新增从事外送及类似零工经济职业的劳动力中，有近四成来自制造业的工人。

　　因此，政府需要意识到区块链是一种充满张力的"公共技术"，而通过对区块链的开发和应用来改善社会治理与分配模式则成为当务之急。例如，政府可以通过区块链对相关企业、组织和个人提供精细化的政务服务。如果将基于区块链的数字政务深入数字企业和数字社区中，则可缩小民众之间的"数字鸿沟"，而政府则可以形成对数字未来前景的信心，并可积极响应和完成联合国的可持续发展目标。

　　在关于区块链更为重要的应用场景方面，这本书或可以探讨区块链技术在目前全球新冠肺炎疫情尚未得到全面控制的情况下，如何调整经济增长模式，特别是在应对气候变化、辅助相关碳排放与绿色金融政策实施过程中的作用。事实上，区块链在如何提高绿色的低碳和低熵产业产值占国内生产总值比重方面，可以发挥不可小觑的积极作用。

　　还要肯定的是，这本书对于区块链的解释通俗易懂，并且旁征博引，对想了解区块链行业知识的读者们来说是一本值得仔细阅读，并可获得启发和提升想象力的好书。

推荐序二

蔡维德

中国人民大学重阳金融研究院高级研究员，北京航空航天大学教授，清华大学长江学者讲座教授，北京航空航天大学数字社会与区块链实验室主任

自 2019 年 6 月 18 日开始，区块链进入世界的视野，从此开始有翻天覆地的进展。只过了两个多月，2019 年 8 月 23 日，英国央行行长在美联储面前提到以后可以使用合成霸权数字货币取代美元成为世界储备货币，这件事情震动了美国政府。美国在 2019 年 11 月开始有所反应，积极储备新型数字货币战争的资源。

经过一年多的预备和发展，美国有了非常大的进展。美国监管科技公司领头开发了许多新技术，如旅行规则信息共享架构（Travel Rule Information Sharing Architecture，TRISA）系统，而且得到了许多令人惊讶的数据。例如，现在数字代币已经是跨境支付的一个重要工具，而这些跨境支付都没有经过国家或国际的监管。

因此，美国监管部门开始行动起来。2021 年 3 月，美国国税局开始启动高科技来追踪比特币交易，确保纳税人都按制度缴税。

美国财政部在 2020—2021 年开始进行大规模的银行改革，允许美国银行参与区块链作业，并且银行可以自己发行稳定币，这等于批准美国银行界正式进入区块链世界。而在同一段时间，美国许多重要金融机构纷纷投资区块链产业。以前是币圈的活动，现在是合规金融机构的业务。

美国央行美联储在 2021 年也第一次公开拥抱区块链技术。在这以前，美联储都在说区块链是"可选"的技术之一。

以上这些都是区块链的重要发展。

但是在 2021 年也发生了不好的事件。美国 IBM 公司承认他们的区块链部门正在经历重组，而且区块链的事业做得比想象的差得多。这表示纯 IT 应用的区块链产业没有得到市场的认可。更早一些，在美国华尔街的一个重要区块链公司也有出名的总裁离职了，表示业务出了问题。

在金融业，区块链得到了大多数人的认可，可是在传统 IT 产业，区块链却没有得到大多数人的认可。这表示区块链天然是一个金融系统的工具，如果把区块链当作 IT 软件工具，区块链就会失去很大的价值。

国外分析师认为，2020 年对区块链来说是一个重要分水岭，区块链在金融及泛金融产业上的优势越来越明显，区块链的布局也因此被改变。

区块链这个行业还很新，现在更重要的是让客户了解、认可和使用区块链，让更多人深入地认识区块链在各行各业上的融合和应用，所以我力荐大家阅读孙霄汉博士的这本书。这本书深入浅出地阐述了区块链技术给我们的生活、工作和思维方式等方面带来的改变，同时也通过许多真实的案例来说明区块链技术的魅力及其改变世界的力量，也给区块链的创业者们提出了相关的意见和建议。总之，通过这本书，我们可以真正深入地了解和认识区块链技术。

推荐序三

蔡淳华

上海市企业经营师协会会长，上海市企业经营师商学院院长，复旦大学、上海交通大学、上海财经大学等多所高校特聘教授

21 世纪是高科技迅猛发展的时代，新兴科技层出不穷、应运而生。区块链技术的产生和运用，是新兴科技发展的核心，是数字经济的基石。

作者孙霄汉博士撰写的这本书，丰富了区块链技术的运用场景，为数字经济的发展奠定了科学的基础。此书的出版将会对区块链技术的运用和深化发展带来实质性的价值。

作者孙霄汉博士是一位学习型、思考型、专业型、实干型的企业家，我与他相识于 2017 年年底，至今也有四年多时间了。自认识起我就知道他一直从事区块链技术的研究和运用，可以说是区块链技术早期研究工作者之一，在区块链技术领域中有自己独到的见解。我曾有幸两次听过他有关区块链技术的主旨演讲。他对区块链技术的运用阐述较为全面系统且造诣深厚。他的这本书，是在原有研究的基础上进行的深化和拓展，书中把区块链技术与商业模式相融合，既开阔了区块链技术领域内容的深度和广度，又进一步支撑和发展了商业模式的实践运用。尤其在当今复杂多变的时代下，经济发展的要求更高了、难度更大了、多变因素更多了，为了使经济运行科学、精准、高质量，需要把区块链技术与数字经济相融合，以开拓商业模式的新赛道。

因此，我觉得此书的出版具有划时代的意义，它具有很强的科学性、指导性、实践性、精准性。我由衷地期待此书能早日出版，为新科技赋能，以便让更多的人受益，并为新时代下经济高质量的发展提供有力保障。

推荐序四

福泽荣治

日本早稻田大学博士，日本早稻田大学特任研究员，人工智能与区块链专家

区块链与人工智能（AI）、物联网（Internet of Things，IoT）一样，是数字化转型领域中备受期待的技术之一。

数字化转型意味着利用信息技术的力量改变现有产业的组成和结构。它不仅能够显著地改变工作方式，也能够改变整个社会的组织构架和生活方式。在数字化转型的过程中，区块链作为解决现有技术无法解决的问题的新手段，不仅在商业领域受到广泛关注，而且在政府机构的数字化战略中也受到广泛关注。区块链技术，原本只是比特币的核心技术。比特币是一种可以实现加密数字货币的一元技术，属于金融科技领域（金融领域的数字化转型）。区块链技术是比特币底层的技术，除了应用于金融领域，还可以应用于其他领域。

基于区块链技术的去中心化的区块链金融，挑战了以世界各国为中心的传统中心化金融体系的权威，因此各国政府在加密货币、区块链技术的应用方面起初都持谨慎态度。另外，近年来不仅区块链技术的关注度在不断上升，相关应用也在全球得到快速普及。同时，各国央行和金融机构已经开始进行数字货币的研究，"区块链+行业应用"的项目不断在各个领域落地。

在政策引导和行业规范方面，日本政府走在了世界前列。2016年4月，日本经济产业省发布了关于区块链技术的调查报告，报告中预测了由区块链技术可能引发社会变革的五大应用领域，以及这五大应用领域的革新所带来

的潜在国内市场份额将超过 67 兆日元。这五大应用领域分别是：①价值分配、积分转换、交易平台基础设施；②权利证明去中心化的实现；③实现零闲置资产和高效共享；④实现开放、高效、高可靠性的供应链；⑤实现流程和交易的全自动化和高效化。

2017 年 4 月，日本政府修订了《资金结算法》，承认比特币是一种合法的支付方式，并为交易所制定了一系列标准和规则。2017 年 9 月，日本金融厅（FSA）发布了首批获得许可的 11 家日本"加密数字货币交易所"名单，这也是全球范围内首批正式获得政府批准的加密数字货币交易所。

与此同时，随着 2019 年 Facebook（现改名为 Meta）发行的加密数字货币 Libra 的诞生，中国央行率先发行了中央银行数字货币（Central Bank Digital Currency，CBDC），并且已经完成示范试验，且在 2022 年北京冬奥会上进行了有史以来最大的中央银行数字货币试点工作。2020 年，日本和美国在 CBDC 的讨论中取得了进展，并且日本已宣布于 2022 年开始探讨 CBDC 的利弊，并争取在 2022 年之后实现 CBDC 的试验与商业化。

在这样一个全球区块链技术应用与推广的浪潮下，孙霄汉博士撰写的这本书，深入浅出地介绍了作者自 2014 年以来所接触和认知的区块链技术，以及相关服务和应用。该书从区块链对人们的影响切入，以人们在日常生活中能够深切体会到的变化和体验为基础，为读者普及了区块链技术是怎样深刻影响着人们的日常生活和工作方式，以及社会结构的。

一个新技术的诞生，必然带来新的商业机会。作者结合当下区块链技术的应用情况，大胆预测了未来区块链技术可以开拓的各种商业场景和机会。技术改变着生活，改变着社会，更改变着人们的思维方式。作者以通俗的语言，描绘了世界因为区块链技术正在发生的深刻变革。超越时代的先知，是少之又少的；跟上时代的脉搏，才能够让我们更好地适应世界的变化，从而不被时代抛弃。

　　这是一本通俗易懂的、带领大家认知这个时代的技术变革与社会变革的、不可多得的教科书。你可以从中学习到区块链技术的应用发展方向，更可以了解到这项技术是如何深刻地改变着世界、如何重塑着人们的生活方式和工作方式的。恐惧来源于无知，而知识可以武装大脑，这本书可以更好地帮助你认识未来，感受时代脉搏的跳动。

前 言

　　和大多数人一样，我接触区块链技术也是从比特币开始的。2013 年 11 月，我在英国杜伦大学商学院的一次研讨会上，第一次接触了区块链技术。当时商学院的金融学教授 Julian Williams 讲述了他自己构建的一个大数据模型，他用其来追踪比特币的全球流动性及其价格关系。这个模型非常有趣，它利用大数据的技术来实时追踪、分析和监控比特币在欧洲各国的流动情况，看起来很像一幅 3D 交通流量地图。如果给不同国家的资金标记上颜色的话，这将是一幅色彩斑斓的 3D 油画。这让我对探索区块链技术的发展产生了浓厚的研究兴趣。为了更好地接触这项前沿科技，同时也为了在投资领域做好前期的调研和准备，我从 2014 年开始研究和跟踪区块链的技术发展趋势及行业发展方向。

　　2018 年 9 月 12 日，图灵奖和哥德尔奖的得主、美国麻省理工学院的 Silvio Micali 教授和他的学生陈静副教授，把他们合作开发的 Algorand 协议带到了上海。Algorand 是由 Algorithm 和 Random 两个词合成的，是一个基于随机算法的公共账本协议，是一条全新的区块链公有链。在与 Silvio Micali 教授面对面的交流过程中，我再一次感受到了区块链技术的魅力，也感受到了区块链领域技术的迅猛发展。

　　2018 年 9 月 19 日，我的博士研究生导师、英国杜伦大学商学院副院长 Kiran Fernandes 和金融学教授 Julian Williams 来上海做了一场区块链的专题研讨会，重点探讨了区块链的现状及未来发展趋势。这次的研讨会让我更加坚定地相信区块链是一次技术范式的大转移，会从方方面面以颠覆性创新的维度来改变世界。

　　在长达 7 年多的时间里，我参与了对区块链的技术发展趋势及行业发展的研究，拜访和调研了杭州云象网络技术有限公司、北京天德科技有限公司、上海唯链信息科技有限公司、杭州时戳信息科技有限公司、杭州嘉南耘智信息科技有限公司、北京比特大陆科技有限公司、北京太一云科技有限公司、西安纸贵互联网科技有限公司等 20 多家区块链初创企业，以及复旦大学、同济大学、交通大学、西安电子科技大学、东华大学等高校的区块链实验室等与整个产业链相关的企业与研究机构，同时还参与了区块链项目的孵化与辅导工作，并在高校兼职做区块链技术与行业应用相关课程的讲师，以及在全国各大创新创业大赛上做评委和导师。以上这些经历，让我积累了一些关于区块链的行业经验，也为撰写本书奠定了基础。

鉴于市场上已有较多关于区块链的图书，所以本书并没有详细介绍何谓区块链、区块链的重要作用等相关理论性知识，而是从区块链对人们的影响展开，基于区块链的商业应用价值，着重讨论一些人们非常关注的问题。例如，区块链是否会影响我们目前的工作模式，是否会改变我们的生活方式，是否会有全新的商业机会，等等。本书也重点介绍了区块链的应用实践，列举了目前已经在成熟应用的多个区块链案例，希望使读者在了解区块链的相关知识的同时，可以更好地识别机遇，认清商业机会，应用好区块链，把握住区块链这个非常有可能改变社会、改变历史的巨大机会。

特别感谢我的博士研究生导师、英国社会科学院院士、复杂系统建模和数字创新方面的世界知名专家、英国杜伦大学商学院副院长 Kiran Fernandes，他对于本书的出版给予了许多帮助和指导；感谢区块链行业的先行者们、区块链技术圈的朋友们；感谢对于本书的出版给予很大认可和支持的区块链行业的前辈和技术达人。最后，感谢我的太太丽珍和每次悄悄出现在书桌上的那杯冒着热气和清香的乌龙茶。

孙霄汉

目 录

第 1 章

区块链对人们的影响

1.1 区块链改变工作环境

区块链最重要的特点是为社会提供了一种新的运作模式，在这种新的运作模式下每个人既可以是生产者，也可以是消费者。基于这个特点，区块链改变了人们的工作环境，具体体现在以下四个方面的变化。

1.1.1 公司模式的变化

如果将区块链大量应用于生产、生活中，那么传统的公司模式会发生根本性的改变，即大型金字塔型的公司将被逐步分解为若干个小的团体或组织。公司模式的变化具体体现在以下几个方面。

变化 1：小而美的公司越来越多

在点对点网络的覆盖之下，大型的公司由于沟通成本高、转变方式不灵活、体大冗余等多方面的劣势而变得越来越呆板，缺乏创新和活力。在个人的收益与价值可以被充分确认的情况下，多数人会成为自由工作者，而大多数公司也会变为体量小的公司，它们通过点对点或点对多的形式，在商业体系里形成全新的新型团队或公司。这类团队或公司的组织形式非常自由和灵活，团队成员既可以从世界各地集中到某地集中办公，面对面协同和处理问题（聚），也可以分别在世界各地或自己的家中，通过移动办公的方式，使用联网的办公工具，协同办公（散）。这样的专业分工、灵活协作的方式，一方面，可以让团队成员自由地支配和规划自己的时间，同时也让项目协同的目标变得清楚；另一方面，可以约束团队成员，使其有效地达成目标。因此，小而美的公司越来越多。

以上这些变化的发生既不是一蹴而就的，也不是单单依靠区块链的力量就可以成为现实的，还需要在其他社会方面（如人口素质等）的发展。

变化 2：从层级化到链路化

区块链技术带来了新型的经济组合及新的价值组合，一些分布式的公司模式正在呈现出来，公司模式将从层级化转变为链路化。公司的所有权以数字货币的形式来呈现，完全颠覆了之前的股权分配方式和方法。组织架构是分布式的，运作机制是分布式协同的。公司的治理和奖惩机制也是通过数字货币的形态，采用投票、预设奖励机制等方式来运营和管理的，这远远超出了鼓励员工创新和集体行动的范畴。这些或许就是实现一个更繁荣、更包容经济体长久所需的先决条件。

在互联网发展的时代，管理学者和战略思考者们鼓励创造网络化的企业、扁平化的公司、开放创新的商业生态系统，他们认为这种模式将取代工业化模式下的层级制度。不过 20 世纪早期的公司架构基本上还是维持原状的，即便大型的网络公司等也是采用了从上至下的架构的。

目前大多数公司，仍旧保存着层级化的架构，大部分的活动都是在公司内发生的，管理者们依然将自己视为组织人才、无形资产（品牌、知识产权和文化）及激励员工的良好模范。

公司的董事会依然给公司的高管和首席执行官们发放过高的报酬，远超于他们所创造的价值。这并不是一个偶然的现象，因为产业结构还在持续地创造财富，权力和财富越来越多地集中在大型公司当中。

与现有的大公司不同的是，区块链公司不需要用品牌来彰显其可信性，只需通过将它们的源代码免费公开，就可以便于网络中的每个参与者分享权力。区块链公司使用共识机制，以确保公司运营的正直性，并在区块链上公开地运行业务。这些区块链技术为那些被传统的垄断性公司欺压的人带来了新的曙光。

区块链技术提供了一种可靠高效的方法，不仅能消除中介成本，还能极大地降低交易成本，将公司变成网络，将经济权力分散开。

区块链公司将以商业链路的方式进行运作，有自己的股东（这些股东是参与众筹活动的数百万人），并提供了一个任务使命，如本公司应该合法地将利润最大化，并正直地对待其股东。股东们也可以在需要的时候进行投票，以管理此公司。

与传统的公司不同的是，在终极的分布式公司（区块链公司）里，很多日常的决策制定任务可以被编为智能的代码。

从理论上来说，这些公司最起码可以在较少甚至无须传统管理架构的情况下运行，每个流程、每个人都根据智能合约里编码好的特定规则和流程运作。在这种公司里，不会有报酬超过其贡献的首席执行官、管理层，除非公司故意为之。

在区块链公司里，没有办公室政治，没有繁文缛节，因为技术提供者、开源社区或公司的创始人会为软件设定一个目标，让其自动执行特定的功能。

任何公司的员工，或者有合作关系的机构，都会在智能合约的框架下运作，当他们完成指定的工作时，就能及时得到报酬，或许不是两星期一次，而是每天、每小时或每微秒都可以得到报酬。

区块链公司并不一定有拟人化的主体，雇员甚至可能不知道是一个算法在管理他们。不过他们会知道"良好行为"的规则和标准。考虑到智能合约会将管理科学理论的集合编码到系统中，他们的任务和绩效指标将会是透明的。其中非常重要的一点是，传统公司的流程由于没有完全电子化或程序化，流程执行过程中的沟通成本是相当高的，而区块链公司可以把沟通成本降到最低，大家都会因此而热爱工作。

客户可以提出反馈意见，而公司将会平心静气地接受，并及时实施改进方案。股东们将会频繁地接收到分红，因为实时会计技术会取代年终报告。区块链公司背后的开源软件的创始人，制定了一系列的规则，搭建了透明的指导方案和不可侵蚀的商业规则。区块链公司将根据这些透明的规则，执行所有的运作流程。

彻底的区块链公司有一个钱包，它需要所有股东达成共识，才能在一笔重要的交易上花钱。任何股东可以就这笔钱的收款方提出建议，并在与该笔交易有关的事项上达成管理共识。

同时，每个用户都会有一个多功能钱包，这个钱包就像一个进入去中心化在线世界的入口，可以将它看成一个用户所拥有的、可流动的个人档案、信用或身份。与用户的 Facebook（现改名为 Meta）或支付宝档案不同的是，这个钱包有不同的功能，可以储存各种身份和专业的数据，以及包含货币在内的有价物品；用户可以确保钱包的隐私性，并且对外分享自己所选择的信息。

用户会有一对公钥和私钥，用于管理自己的长期数字身份。虽然一个钱包可以为每个人或公司存储多个身份，但可以假设一个钱包只保存一个单一的正规身份，这个身份是与一对公钥和私钥的组合绑定的。

另外，一般区块链公司都有一个发布系统，可提供用户或用户的企业愿意支付的信息流；还会收到广告，或许来自第三方，或许来自人力资源部门有关职位开放或保险计划修改的信息；当用户给予注意力后，就会得到收入或某种形式的回报，这被称为注意力市场。用户可能因为如下的事情而获得微小的报酬：同意观看一个广告，或者提供了关于新产品推广材料的反馈意见，或者做了其他事情，如帮别人转入验证码或扫描文档。

区块链技术确保了安全性。个人的隐私保护参数完全是可以进行配置的，除非获得本人的特别许可，否则没有社交媒体公司可以售卖或泄露个人信息。由于个体拥有自己的数据，所以可以用自己的注意力和付出去获得经济利益，或者可将数据分享到大数据平台，为自己创造财富。

1.1.2　公司边界越来越模糊

可以把区块链公司称为全体共治公司或分布式自主运作公司，即一个在区块链技术上建造和运行的公司。在以太坊平台上可以运行更多的区块链公司，范围包括治理、日常运营、项目管理、软件开发和测试、雇佣和外包、补偿和资助。区块链也支持声誉系统，成员可以为每个人作为协作者的表现评分，这样就能实现社区中的信任联盟。永久存在的数字身份、个人特质，以及声誉系统，会让人们更诚实，彼此之间有更良好的行为。

以上这些都让一个公司的边界变得模糊了，其中并没有成立公司的默认选项。区块链生态系统中的成员们，可以通过战略、架构、资本、表现和治理达成共识，并创建自己的分支项目。他们可以创建一个在现有市场上进行竞争的公司，或者为一个新的市场提供基础设施。这个形式有点类似于在现有大型互联网公司的创业平台上发展的小微企业模式。

这是一个运行在去中心化的全球计算底层的大规模智力集合，其中的个体或软件参与者都可以各自执行其特定任务，也可以在大自由市场中进行合作和竞争，这样的大型协作可以改变公司的架构。

为满足持续的客户需求，如有实用性和提供维护服务，一些参与者可能需要在更长的时间段内留任，其他一些人将会聚集起来去解决短期的问题，在问题解决后，就可以解散了。

1.1.3　产品研发从迭代到裂变

区块链虽然还处于初始阶段，但是区块链技术最终将产生大量的应用程序。一旦技术和基础设施得到发展，这些应用程序将变得非常有用。区块链是一个基于块的分布式、分散的分类账，是一个交易的记录。多个块串在一起形成一个区块链。区块链上的信息是加密的，是匿名和安全的。个人保留自己信息的所有权，并且在不放弃隐私的情况下被"认证"。区块链最终将在以下四个方面改变产品研发的业务和流程。

1. 无缝支付研发费用

使用区块链系统将显著增强无缝支付研发费用这个过程。一旦产品研发任务完成或交付产品，区块链系统将支持无缝支付，直接将费用支付到参与研发过程的人员的移动数字钱包中。无缝支付还将扩展到向承包商、雇员和供应商支付任何货币的能力。支付将直接进入接收者的数字钱包，消除了行政管理的需要，并允许人们和公司更快地获得报酬。因为支付可以用任何货币来实现，所以在世界任何地方的服务和雇员都可以使用。同时它也允许公司跟踪发票和付款流程，相关的税收问题也可以根据资金流来实现监管和配套解决。

2. 分布式的研发中心

产品的研发和试生产流程，需要各类供应商和部件厂商提供不同的服务，同时也需要专业的团队提供相关的实验数据和运行情况，而建立分布式的研发中心则可以完全解决这类问题。区块链技术能够通过建立分布式的研发中心让企业以很少的研发费用或不收费的方式研发出他们的商品和服务。通过使用智能合约，商家可以在分布式的研发中心上发布他们需要研发的商品和服务。自主研发人员可以在网络上接收任务，同时可以协同开发。网络可以智能处理发布和上市，搜索过滤，支付和"信誉管理"等工作，完成远程协同开发的工作。

3. 创新人才匹配库

市场的激烈竞争与用户的多样性，导致研发项目越来越多元化，这也意味着对研发和创新型人才需求的激增。很多企业在做新产品开发的过程中，都遇到了创新人才短缺的瓶颈。要想解决这个问题，单纯地依靠人才招聘是解决不了的，但区块链公司的分布式特性可以很好地解决这个问题。区块链通过其开放性的网络节点，可以把项目需求直接发布在区块上，通过网络节点的数据库来自动匹配符合条件的人才，帮助公司为特定的项目寻找可以参与研发的员工，并使研发人员有能够无缝地展现自己的机会。

一家使用区块链技术为其构建市场的公司使用了 Dock。Dock 是一种专业行业的分散式数据交换协议，可以通过区块链网络，整合来自不同平台的用户档案（包括工作经验、教育背景、位置、联系人、专业资格等），以及激励数据交易及数据共享，完全控制自己的数据。这使得研发公司能够掌握创新人才的第一手信息，并在项目急需人才的时候，可以第一时间通过大数据的匹配找到对应的研发人员。Dock 可以创造一个人才交流中心，为特定项目找到优秀的人才。

4. 产品研发不再是迭代模式，而是裂变

区块链是一种按照时间顺序将数据区块以顺序相连的方式组合成的链式数据结构，并通过密码学方式保证不可篡改和不可伪造的分布式账本。区块链使得数据不可篡改，一旦记录下来，在一个区块中的数据将不可逆。由于这种不可逆转的技术特性，区块链的创新都是从裂变开始的，就是技术上说的硬分叉或软分叉。硬分叉对加密货币使用的技术进行永久更改，这种变化使得所有的新数据块与原来的块不同。新分出来的区块一般有较大幅度的更改，形成一条非常不同的新区块链。旧版本不会接受新版本创建的区块，但是旧版本区块链的数据依旧被保留。如要实现硬分叉，则所有用户都需要切换到新版本协议上。如果新的硬分叉失败，则所有的用户将回到原始数据块上。软分叉是指在区块链或去中心化网络中向前兼容的分叉。软分叉是兼容性分叉，影响较小。

比特币区块链的实验、以太坊区块链的实践，都有着其技术的不可逆性，新技术的迭代与更新，需要通过技术分叉来实现。一旦技术分叉成功，其技术的持久性与稳定性就可以保持相当长的一段时间。所以定义区块链技

术的创新时，更适合用裂变式创新这个词语。裂变式创新同时也是一个非常
残酷的创新过程，当新的技术通过裂变和分叉完成转换时，旧的技术就到了
死亡的时间，或者被主流的应用抛弃。

1.1.4　员工激励多元化

传统公司的薪酬奖金、职工持股、职级晋升等制度设计，都是为了激励
员工创造公司价值。而比特币、以太坊及各种数字资产，天然形成了区块链
系统的激励功能。在每次挖矿成功并得到确认之后，新的区块形成，公认胜
出的挖矿者就可以获得代币，并被记入公共账本。每个区块链项目都会有一
套自己完整的激励机制和体系。

贝宝（PayPal）长期以来一直避免接受比特币，也不认为比特币可能对
其支付平台有用。然而，该公司在 2019 年 2 月公布了一则基于内部区块链
的员工激励计划的启动消息。为了完成该项目，贝宝创建了一个创新实验
室，并吸收了该领域最有经验的专业人员。全新的区块链平台有一个密码令
牌奖励计划。但是，令牌在系统中只有值。员工可以通过产生创意和参与
创新项目来赚取代金券，然后可以相互交换。发生在平台上的交易记录在
其区块分类账上，并可能被赎回以获得一系列的奖励或经验。这些奖励包
括可以获得与贝宝副总裁进行扑克比赛的机会，参与首席执行官丹·舒尔
曼的武术课程与讲座，以及可以允许借用投资负责人养的狗等。这些员工
激励措施，看起来很小，但是确实在推动贝宝进一步研发与区块链相关项
目的进度。

未来的商业模式将会是一种分布式的商业。比特币就是分布式商业最好
的例子，如非营利、没有股东、没有董事会、没有管理层，只有星罗棋布的
节点和开源代码，但是它运行了十几年，每秒钟都在发生着交易、汇兑、支
付，没有出现过坏账，系统没有出现过宕机。

1.2　区块链改变生活方式

1.2.1　信息控制权交回用户

互联网带来了前所未有的信息交流、共享的便利，同时也把我们放在了一个不断处于个人信息被滥用的危险之中。我们在每次使用手机或电脑的时候，就成了互联网的一部分，把自己变成了一串串的数字或代码；大多数公司在其档案中保留敏感的个人信息，如姓名、社会保险号码、信用卡或其他识别客户或员工的账户数据。这些信息通常是填写订单、支付工资或执行其他必要业务功能所必需的。如果敏感数据被滥用，则可能导致出现欺诈、身份盗窃或类似伤害。

信息滥用往往来自信息收集方、占用方、购买方等各方面力量的利益驱动。在用户担忧自己的隐私安全时，Facebook 和谷歌等科技巨头主要的关注点则是如何创造更多利润，并使股东满意。这些公司收集、分析和销售用户数据，并通过广告牟取巨额利润。Facebook 一直以来以广告业务作为最主要的收入来源，2019 年 Facebook 的营收达到 707 亿美元，98.53% 都来自广告收入，几乎占全球在线广告市场份额的 20%，并且在未来几年，还有望持续增长。

当这些公司收集数据时，就会出现个人信息被滥用的风险。而在 2018 年 4 月，Facebook 经由剑桥分析公司泄露 8 700 万名用户数据的丑闻，使这一问题更加凸显。

区块链通过向用户提供对其信息的完全控制来增强用户的能力，用户可以控制谁有权访问他们的数据、交易和行为模式，这样可以完全避免个人信息被滥用的问题。

区块链作为分布式数据库，可以有效防止数据信息的滥用，它允许各方就共享数据达成共识，而不需要中间人。基于区块链，用户可以在拥有数字身份的同时保护自身隐私信息，并且可以通过授权的方式，允许特定的组织或个人访问、储存、分析或分享自己的数据。另外，如果企业需要进行用户身份的识别和验证，就必须遵守用户隐私规定，建立一个有利可图的数据库。在一个安全和完美的状态下，个人网络信息与身份管理应该具备个性化和独特性、永久性、便携性、可随时访问、私密性等特征，同时用户拥有设置个人数据使用与浏览的权限。

区块链技术还有助于提升数据的透明度和信息的真实性，例如，任何人都不能更改或删除区块链上消费者的数据，这有助于验证每个交易的真实性，因为区块链上的任何数据都是不可变的。

区块链还高度保持了用户之间的交易透明度，因为数据及信息是可跟踪和可验证的，这就减少了对数据准确性的损害。另外，由于交易所是分散的，第三方风险可以降得非常低，有助于在各方之间建立充分的信任。

1.2.2　点对点支付更便捷

区块链的点对点技术，简单来说，就是用户之间可以直接进行转账和交易，不需要经过中间机构的确认和授权。点对点网络分布特性通过在多节点上复制数据，也增强了防故障的可靠性，并且在纯 P2P 网络中，节点不需要依靠一个中心索引服务器来发现数据，系统也不会出现单点崩溃。P2P 网络可以有多种用途，在点对点文件共享传输领域已经得到了广泛的使用。

点对点的文件共享传输，这种下载方式与 Web 方式正好相反。该种模式不需要服务器，而是在用户机与用户机之间进行传播，也可以说每台用户机都是服务器，讲究"人人平等"的下载模式。每台用户机在自己下载其他用户机上文件的同时，还有被其他用户机下载的作用，所以使用该种下载方式的用户越多，其下载速度就会越快。

比特币是一种 P2P 形式的数字货币，与大多数货币不同，比特币不依靠特定的货币机构发行。它依据特定算法，通过大量的计算产生。比特币使用整个 P2P 网络来确认并记录所有的交易行为，并使用密码学的设计来确保货币流通各个环节的安全性。

通俗理解，区块链技术可以实现数据的点对点传输，双方直接建立信任，不需要中间环节的监管，没有层层审计，并且整个过程的信息不可被篡改，同时是匿名交易。这样可以节约成本，提高效率，快速完成交易支付，并且保证数据安全。

在使用比特币进行提现、转账的时候，只需要知道对方的地址，就可以直接进行支付，而不需要经过一个中心化的机构的审核或控制。比特币第一次让普通个人真正完全掌握了自己的财富，不再依赖于任何的权威部门或中间机构，这也是比特币在大众之中有顽强生命力的原因。

区块链作为一个点对点的电子支付系统具有无穷的魅力，我们相信，它将会传播得更广，对现实世界产生更大的影响。

1.2.3　就业更为灵活和自由

区块链最重要的特点是可以为社会提供一种新的运作模式。在新模式下每个人既可以是生产者，也可以是消费者。由于在单个区块链网络中，个人工作量数据透明公开，而且每个人都可以核对其他人在系统中所贡献的价值，整个系统也高度自治，数据本身便自带价值，所以区块链也可以被称为一种通证系统。

通证系统不仅可以保证每个人的付出会得到相应的回报，也使分配过程更加合理，因为系统消除了资源调配者和资源掌握者的影响。这种新的分配模式便是由区块链所构造的系统最有价值的地方，也是最吸引大众的地方。在新合作方式下，每个项目便是一个机构，它的员工自愿为项目工作，而且一个员工对项目本身认可就会购买其早期通证，类似于购买股票，而持有股票不出售也会对股票价值形成一种支撑。所以区块链技术形成的组织可以被认为是一个更高效的互助系统，改变的是价值流通方式。

区块链重构的组织方式，可以优化人与人之间的协作。人类社会自从形成团体以来便开始学习如何协作，但是协作本身需要相互的信任，而建立信任的成本极高。

在区块链构建的新价值体系下，每个人都可以成为自由职业者，可以有更多时间来参与社会活动，而不是在固定的时间被限制在固定的工作地点，甚至可以一边工作一边与家人交流，也可以同时为整个社会提供基础服务。

自由职业下，个人为社会所做出的贡献将会更多，但是这需要合理的机制与有效的激励，而区块链为这样的自循环系统的实现提供了可能。任何技术都是以服务人为目标的，对技术的使用也是为了使人们的生活更美好。区块链技术所带来的改变才刚刚显现，目前我们所看到的区块链应用则还远远未体现它的全部潜力。

根据 Upwork 的说法，更多的工人选择作为合同工和自由职业者来工作，而不是全职员工。据估计，美国 36%的劳动力都是自由职业者，10 年内，超过一半的劳动力将成为自由职业者。自由职业对年轻一代尤其有吸引力。成为自己的老板，可以选择客户，以及有灵活工作时间等，对那些自由奔放的千禧一代和年轻一代有着极大的吸引力。

区块链平台可以通过鼓励雇主和自由职业者都以诚信的方式来实现更为广泛的自由和灵活的就业，像以太坊这样的平台正在使用区块链来确保只有合法的一方能够交易。工作机会、过去的交易、预算，甚至是钱包余额都可以被检查，这样自由职业者就可以核实雇主的历史和表现。通过这种方式，自由职业者可以与拥有良好声誉的雇主合作。还可以利用智能合约为雇佣双方提供保护。智能合约可以用来概括工作协议的条款，将付款放在第三方保管中，并在双方都满意的条件下自动释放资金。通过这种方式，各方可以放心，因为双方都将履行协议的条款。

区块链技术可以帮助工人更好地控制他们的自由职业活动，可以让他们获得养老金，并通过法律合同解决许多问题，而自由职业者现在也可以获得同样的承诺，即传统雇员享有的安全的金融未来。

通过加密货币支付，自由职业者也可以比以前更快地收到付款，而不必支付高昂的费用。就业平台和智能合约也为自由职业者提供了一种至关重要的保护，让他们免受滥用雇主权利的侵害。随着这些紧迫的担忧得到缓解，自由职业者将能够在更稳定、更有利可图的领域中工作。

　　未来世界 50%的资产都会在区块链上，以数字货币或数字资产的形式替代我们现在的财产。90%的人的工作会因为区块链而改变，没有人可以逃脱区块链。

1.2.4　信用社会促进交流

　　区块链在全球范围内，使虚拟社区能够重新建立商业团体和社会的人与人之间的信任。传统社会建立在个人信任的基础上，也就是我信任你，因为我知道你做了什么，我知道你的道德理念和道德准则。区块链不能让人们认识他们从未见过的人，但他们可以看到该人在社区网络中所做的事情。用户知道他们在网络位置中的业务代码，因为该代码作为智能合约被编码到区块链中。这是全球范围内的人与人之间的信任。

　　区块链技术把单纯的对人的信任，延伸到了对软件代码的信任，也就是说，区块链实现的是"基于代码的信任"。这种信任关系，是通过哈希值来连接的。一旦代码经过一次验证之后，面向的交互对象里面就没有人的因素了，只有代码。这种全新的信任模型是极具创新力的，能够从底层深刻地改变商业及社会关系的运行。

　　在区块链技术之前，我们整个社会没有基于代码的信任模型，互联网改变了我们在电子商务、数字银行、流媒体音乐、电视点播、社交媒体等方面的生活方式，但它并没有从根本上改变我们这个世界所赖以生存的经济模式。我们仍然从一家音乐公司购买音乐，仍然从出租车公司或汽车服务公司订出租车。现在我们可能使用各种打车软件，但它们仍然是中央信任机构。

　　区块链技术提供了一种新的解决模型，即"基于代码的信任模型"，也可以说"代码即信任规则"，没有人为的信任因素存在，属于完全机器化的信任模型。我们知道，计算机也是控制在人手上的，那么，怎么做到控制计算机的人没法干预计算机的运行？区块链技术其实采用了点对点的通信技术和配套机制，通过分散部署成千上万的计算机节点，使这些离散化的节点互相自动监督，而这里面的配套机制确保这成千上万的节点无法串通起来，并且在逻辑上可以论证，以构筑其极高的防作弊壁垒。这种技术本身并不保证这个结果，如比特币和以太坊有上万个节点，整体安全已经经过全面的论证了，但采用同种技术的其他区块链项目，并没有这么多的节点，那么它们的安全壁垒也许很低，需要额外设计一些复杂的机制。也就是说，可以通过区块链技术构建"代码即信任规则"的模型，但是它并非充分条件，只有少数的区块链项目可以最终搭建出"代码即信任规则"的运行支撑平台。

如果基于"代码即信任规则"的模型能够建成，则要求节点部署、开发人员、代码审查、测试人员、用户的充分离散化。简单来说，就是任何一串代码的上线，都需要经过千锤百炼，经历充分的论证和验证，并且由离散化的用户自主选择部署。如果在这个区块链项目中还是少数几个人说了算，或者项目还是由某个公司集中进行维护，那么在这种情况下，即使用了区块链技术，但因为没有形成充分离散化的高安全壁垒，那此项目的信任模型还应该归类到传统的信任模型里面去，因为存在代码人为干预、数据被篡改和回滚的风险。

我们目前的社会基于传统的信任模型也是运行良好的。区块链这种"代码即信任规则"的模型什么情况下能够有用武之地？支撑这种信任模型能够创造多大的价值？

现有的某些信任模型是由一个极大的成本支撑的，如银行体系一年要花掉大量的系统维护费，包括大量精装修的银行网点和柜台，其实都构成了其现有信任模型下所需要的成本。如果换一种信任模型，能否显著降低成本？如果可以，那么作用就出来了，也就符合人性的追求便利和效率、低成本的自然需求。同样一宗跨境资金的交易，通过比特币的多重签名方式实现，比通过银行的外汇兑换和信用证等方式，快捷了何止百倍。新模型的第一个应用领域，就是负担巨额运行成本的旧模型所在的领域。比特币之所以一出来就面向"货币"这个领域给人以惊喜，恰恰是因为货币的社会运行成本是庞大的。如果对应领域运行原有信任模型建立就是零成本，应该没有必要替换。如果使用原有信任模型的领域无法用代码实现，那么也无法替换。

有哪些领域的信任模型可以切换到"代码即信任规则"的模型？新的模型可以创造出哪些原来不存在的应用？这里面的想象空间是巨大的，有很多可能性是以我们现在的水平无法想象出来的。

区块链最重要的价值是解决了中介信用问题。在过去，两个互不认识和信任的人要达成协作是很难的，必须要依靠第三方。例如，在过去，任何一种转账，必须要有银行或支付宝这样的机构存在。但是通过区块链技术，人类第一次实现在没有任何中介机构参与的情况下，完成双方可以互信的转账行为。基于区块链的担保、贷款、授信、风控、股权、收益、评级都可能实现，区块链的价值互联属性，使得各类经济活动可以更加高效地运行。不管是普通人还是经济人，都会映射为一个"区块链 ID"，形成新的道德体系、评估标准和信用记录等。

著名的《经济学人》杂志于 2015 年 10 月发了题为 *The Trust Machine* 的封面文章，将区块链比喻为"信任的机器"。区块链基于数学原理解决了交易过程中的所有权确认问题，保障系统对价值交换活动的记录、传输、存储结果都是可信的。从某种层面来说，信用就是货币，货币就是信用；信用创造货币；信用形成资本。信用只有单一的价值，但是货币有多种价值或一般的价值；信用只是对某个人的要求权，但是货币是对一般商品的要求权；信用只有特殊的不确定的价值，而货币则有持久的价值。

区块链可以让信用更直接地和货币关联在一起。试想一下，如果现实中的国家也发布了主权级别的加密数字货币，那么信用几乎无限等同于货币了。

1.3　区块链改变金融体系的分配方式

全球金融体系每天移动数万亿美元，为数十亿人服务。但这个系统充满了问题，通过收费和拖延增加了成本，通过冗余和繁重的文书工作制造了摩擦，并为欺诈和犯罪提供了机会。也就是说，在 45%的金融中介机构（如支付网络、证券交易所、汇款服务等）中，每年都会出现经济罪案。在整个经济体系中的这个数字是 37%，而在专业服务和科技行业中则分别只有 20%和27%。难怪监管成本继续攀升，因为预防发生经济罪案仍然是银行家们最关心的问题。而这一切行为都增加了成本，最终由消费者负担。

这就引出了一个问题：为什么我们的金融体系如此低效？第一，因为它是过时的，是一个由工业技术和纸质工艺组成的假体，是用数码包装品和纸包装起来的。第二，因为它是集中式的，这使得它虽能够抵抗变化，但易受系统故障和攻击的影响。第三，它是排斥性的，剥夺了数十亿人获得基本金融工具的机会。银行家们在很大程度上避免了创造性的破坏。这种破坏虽然凌乱，但对经济的活力和进步至关重要。解决这一创新僵局的方法已经出现：使用区块链。

1.3.1　收入结构多元化

区块链最初是作为比特币等加密货币背后的技术而发展起来的。一个庞大的、全球分布的分类账运行在数百万元的设备上，它能够记录任何有价值的东西。金钱、股票、债券、产权、契据、合同和几乎其他所有类型的资产都可以安全地、私下地、对等地进行转移和存储，因为信任不是由银行和政府等强大的中介机构建立的，而是通过网络共识、密码学、协作和聪明的代码建立的。这在人类历史上第一次，两个或两个以上的企业或个人，甚至彼此不认识，都可以在不依赖中介机构（如银行、评级机构和政府机构）核实身份、建立信任或执行关键业务逻辑、签订合同、清算、结算和记录保存任务的情况下达成协议，并进行交易和创造价值，而这些都是商业形式的基础任务。

区块链有助于将运行平台的成本分配给不同的参与者，但以同等的方式奖励他们。这种分散模型已经适用于基于区块链的解决方案，如云存储、支付处理和网络安全。然而，这项技术在内容分发领域也发挥着越来越重要的作用。

对许多人来说，这是一个比旧的方式更好的交易，因为旧的方式将控制权和利润掌握在内容托管公司的手中，而不是内容创建者自己的手中。区块链可以显著地打破这种不平衡的现状，并寻求把权力重新掌握在那些创造和消费内容的人手中。

作为安全、托管和分发的回报，抖音的用户可以让公司从他们的内容中获利。尽管抖音的网红明星们可以通过吸引观众进入他们的频道而过上小康生活，但毫无疑问，很多利润最终不会落在他们的口袋里。然而，对一些人来说，这似乎不是一笔糟糕的交易。抖音是互联网上一个非常受欢迎的目的地，它为创作者提供了一个可靠的、高容量的免费平台。它还处理创作者所需的物流问题，创作者只需专注于他们最擅长的工作：创作最新作品。

区块链正在扭转这种模式的局面。Flixxo 是一个分布式的内容分发平台，允许创作者将他们的内容提供给非常专业的受众，而受众通过提供加密货币的通证来资助和获取这些内容。为了获取 Flixxo 的通证，Flixxo 的参与者只需将其计算机上的视频提供给网络，就像点对点服务的 BitTorrent。不管这些是他们订阅的独立电影制片人的最爱，还是网络电影，都是无关紧要的。这种分散的众筹和托管解决方案降低了在用户身上运行网络的成本，但也使参与者更有利可图和更有回报。

基于区块链的解决方案涵盖了基本的安全需求。由于区块链的网络特性，它是不会因黑客对一个节点的影响而影响整个网络功能的。由于是分散托管和加密，区块链的系统完全靠自我维持。

1.3.2 激励机制程序化

一个组织的奖励和表彰活动应该是一项透明的工作，通过这项工作组织可以与员工建立信任。如果奖励标准或承认过程是保密的，如果组织只奖励关系密切的员工，或者如果奖励是任意的，那么有可能疏远和打击员工。

因此，为了成功地利用激励措施，一个组织需要：

- 确保所有员工都理解组织提供激励的目标。
- 确保明确规定了获得奖励的标准。
- 向所有员工传达具体标准。例如，提供例子，让员工了解该组织在寻求什么，并分享组织的成功图景。
- 说明时间表，并为员工留出一定的时间来完成组织在交流激励标准时，希望看到的操作。
- 奖励每个达到期望的员工。
- 告诉员工为什么他们的贡献使他们有资格获得奖励。
- 鼓励每天提供奖励给每位有贡献的员工。
- 确保该激励机制形成系统。

每个商业组织都需要使用更多的激励措施来帮助建立员工的士气，并确保员工对自己的贡献有所感激。以员工理解的透明方式进行适当的分配，不能错误地奖励和感谢员工的表现和贡献。

区块链的大多数项目都包含了上面描述的成功激励措施，这些激励措施通过智能合约的形式被写入区块链，可以帮助企业重组生产关系、提升生产力、颠覆商业模式，并有使参与的人获得直接好处等多种作用。

激励行为来源于激励理论，激励理论的基础行为主要基于外在动机的观点。激励理论认为，如果人们在事后得到奖励，他们就更有动力推动活动，而不仅是因为他们自己喜欢这些活动。激励的目的是在满足需要和动机的同时激发人的行为来促进目标的最终达成。简单来说，激励的作用就是通过激励手段来调动人的主观能动性，提升参与度，使目标更快、更好地被完成。

激励机制不是所有区块链都有的，有些联盟链和私有链就不存在激励机制。联盟链和私有链中的节点是指定的或者是由利益共同体组成的，所以不需要激励。激励机制的设计是所有公有链的核心组成部分，公有链中的节点是全球分布的形式，各个参与者或代码贡献者彼此并不认识，也没有中心机构帮助确认他们的身份，但是所有节点需要共同维护系统的安全和稳定。为了达成这一目的，区块链系统需要通过激励的方式让参与者积极地工作，从而让系统中有足够多的节点来保证系统正常运行。

区块链中以数字货币作为激励的手段，像比特币、以太币等就是激励的结果。下面以比特币为例，看看是如何获得激励的。其他区块链项目的激励手段，也类同。

比特币系统可以通过自身的算法来动态调整全网节点的挖矿难度，保证系统每运行大约 10 分钟，在比特币网络中，就会有一个节点挖矿成功。一旦有人挖矿成功，比特币系统就会奖励此人一定数量的比特币。这就意味着，只要有人参与挖矿，那么每过 10 分钟，系统就会把一定数量的比特币分给这些参与挖矿的人当中的某个人。无论是多人参与，还是一个人参与，系统都会根据设定的规则把若干比特币分给某个人。

简单来说，比特币的激励机制涉及三点。一是激励反馈很快速，每 10 分钟一次。二是激励反馈程序化，不会因为任何原因而停止。三是每次的激励结果都是正向的，就是说矿工只要符合系统的算力要求，而且比特币价格持续攀升，那么挖矿都可以赚钱。有人会觉得很奇怪，不就是这三点吗？为什么会源源不断地吸引越来越多的人参与比特币挖矿的过程呢？

因为，这是现实世界的一个激励系统。随着数字货币的价值扩张，这种态势尤为明显，或许大多数人并不知道区块链是什么，激励是什么，只是知道获取了比特币以后，可以产生巨大的财富。这种财富的价值是用现有的价值体系来衡量的，所以合理地利用激励手段，有效地调动参与方的行为才是最终的解决方案。

中本聪在论文《比特币：一种点对点的电子现金系统》中对比特币的设计做了详细的描述。按照中本聪的设计构想，比特币的总量固定在 2 100 万枚（实际上是 20 999 999.976 900 00 枚），并规定每枚比特币可以细分到小数点后面 8 位，区块的产生是每 10 分钟一个。刚开始是每个区块产量 50 枚比特币，在每 21 万个区块之后，每个区块的比特币产量将减半，大概 4 年减半一次，一直到 2140 年全部奖励完。

区块链激励有助于鼓励每个节点保持诚实。如果一个贪婪的攻击者掌握了比所有诚实节点还要大的算力，他将面临一个选择，是通过偷回他支付的钱来诈骗别人，还是用这个算力产生新的币？他应该会发现遵守规则更有好处，这个规则可以让他比其他人得到更多的新币，比破坏这个系统得到的更多，而且财产合法。

总结起来区块链有以下几个特点，一是所有的交易都是去中心化的，不需要一个平台或机构来负责监督；二是所有的交易都必须被公布以保证公开可查；三是激励机制可以一开始就制定，不得修改，全网通用；四是激励时间较长，影响较深远。

区块链的激励机制精髓在于，通过某种奖励来让交易或其他行为更加流畅和有序。从根本意义来说，区块链的激励机制是高层次的，而且区块链的激励是公开透明、全球可查的，用户可以不依靠平台、网络等介质而获得奖励，对于用户来说是有着更好的体验的。

1.3.3 分配方式公平化

由滴滴和爱彼迎等平台开创的所谓"共享经济"，是一个以数字技术为动力的商品和服务交换市场。平台把它们的命运押在人们愿意与陌生人分享他们的车、家，甚至狗的意愿上，而且是有回报的。平台赚钱的方式是将个人联系在一起。换句话说，它们的竞争优势在于利用网络效应的能力。也就是说，在平台的一边拥有的用户越多，平台对另一边的用户就越有吸引力。

例如，加入该平台的滴滴司机越多，该平台对乘客的吸引力就越大，反过来也是如此。因此，员工和用户是价值创造的核心。

然而，员工和用户在这些平台上创造的价值却被促进交易的平台所捕捉。这些平台正在进一步开发社区，利用个人的技能和才能。爱彼迎最近推出了"体验"服务，所以对于每位导游来说，爱彼迎不仅收取 20%的费用，还决定哪些"经验"是合适的。因此，平台不仅捕获了产生的价值的很大一部分，还做出了影响社区的决策。

区块链有望在公平竞争的环境中发挥作用。如果掌握得当，就可以使个人之间直接进行交易，而不需要集中权力，同时保证安全级别，即使不是更高的，也是相同的。此外，利润可能会回到产生它们的社区。

1. 区块链可以启用真正的共享

区块链使有些交易几乎没有成本，这动摇了资本主义的根本基础。虽然区块链这种技术有许多优点，但也有缺点，不过在共享经济的情况下，它可以是一个非常有价值的资产。

2. 区块链促进信任

区块链可以使相互信任成为可能，而不需要集中的权限。社区的成员可以定义一套规则，这些规则将由智能合约强制执行。例如，成员可以决定每个新成员必须得到网络中至少三个其他成员的信任。智能合约将确保这一条件得到满足。例如，使用滴滴和爱彼迎之类的集中式系统，平台可以决定要显示哪些评论。区块链与其相反，一旦写了什么东西，它就永远待在那里。

3. 区块链的决策更容易、更透明

区块链可以使决策比以往任何时候都容易，世界各地的社区成员可以对各种问题进行数字投票。区块链确保每个成员保持匿名，并且系统无法

被黑。

4. 区块链的利润分享更为公平

产生的利润可以在社区成员之间分享，区块链可以记录每个成员对平台的贡献，并相应地对人进行补偿。

区块链本质上是一个不断增长的交易列表（按区块列出），这些交易都是按时间顺序被验证、永久记录和连接的。对于大多数用户来说，区块链的美将是未知的。正如虽然大多数人都不知道 5G 技术是如何工作的，也不知道硅是如何被加工成计算机芯片的，但是每天都在继续使用智能手机一样。区块链将成为许多不断变化的技术的完美"后台"，并将影响教育、管理、消费、治理和沟通的方式。未来几乎每个行业（从公共部门到医疗保健和旅游业）都将从这项技术中受益。

第 2 章

区块链开启的商业机会

2.1　区块链应用的三个层级

在大多数时间里，当我们谈论区块链的应用时，还是经常会把加密货币和区块链等同起来，事实上区块链的应用从经济学和投资的角度来分析，有三个层级：加密货币、通证和分布式商业基础设施。

2.1.1　区块链作为加密货币

加密货币是一种基于区块链技术的数字货币，货币的安全和供应是由分布式算法控制的。作为支付的媒介，围绕加密货币已经形成了一个庞大而复杂的生态系统，同时在用户收费、付款速度、账户安全、跨境支付和用户体验等方面，使用加密货币要比使用贝宝、支付宝和微信所提供的数字货币更方便和快捷。这也是许多人喜欢加密货币的原因。

从面值来看，加密货币作为区块链的一种应用，并不具备商业应用方面的开创性，因为它仅仅是从"比特币实验局"衍生出的另一个实验成果，严重缺乏商业价值。

作为加密货币的区块链的特征具体体现在以下方面。

（1）所有的可替代加密货币都是使用比特币的开源协议构建的。

（2）性能有所改善，具备不同的支付功能。

（3）使用比特币拥有者的账户体系，复制社区用户，缺乏独立性。

（4）流通性单一，即通过挖矿及交易所流通，缺乏商业场景的内生性流通机制。

（5）共识机制以 PoW 为主，市值维护和炒作成为核心的应用。

（6）其协议的扩展性受到比特币开源协议的严重制约，无法加载其他应用。

由于作为加密货币的区块链严重缺乏应用场景及内生的社区，这也导致该类加密货币缺乏严重的内生流动性。该类加密货币需要通过不断地吸引新投资人加入，炒高币值等方法，来维持各方的利益。这种运营的方式和方法是缺乏商业基础的，未来这类比特币的分叉币，非常有可能被社区所抛弃，价值归零。

2.1.2　区块链作为通证

从本质上来说，通证可以分配和跟踪在区块链上的加密数字资产的所有权。一项加密数字资产实际上可以是任何东西，从股票到商品，甚至一份合约，拥有通证的人实际上拥有一个密钥，可以允许他们在公共分布式账上创建一个新条目，重新分配所有权给其他人。

使用通证作为所有权的证明对我们来说不是一个全新的概念，我们已经以房地产或汽车所有权证书的形式对财产进行了标记化。只不过，传统的方法包括许多步骤和繁文缛节，如整个房屋所有权转让是一个庞大的行政管理过程，而且费用非常昂贵，并依赖于中介机构。通过通证结合智能合约，允许我们把这个复杂的过程简单化和自动化。

以上这类区块链创建了自己的区块链和开源协议，以支持自己的加密货币或通证，也称为原生区块链，如以太坊、Ripple、Omni、NXT、Wave 和 Counterparty 等。原生区块链有如下的特征：

（1）原生区块链使用自己的开源协议，拥有自主的区块链。

（2）其加密货币或通证拥有内生的商业应用场景。

（3）社区是基于开发者及分布式商业的用户构建的，具有很强的独立性。

（4）具有多样化的流通性，即可以通过挖矿及交易所流通，也可以在分布式商业应用场景内部流通，同时也具备外部的支付功能等，其内生的流通价值有时比外部的流通价值更高。

（5）多种共识机制并存，如 PoW、PoS、BFT、DAG 等机制，同时在不断地变体。

（6）其协议有非常好的扩展性，可以加载不同的商业应用，同时也在逐步构建自己的生态。

2.1.3　区块链作为分布式商业基础设施

到目前为止，不同的区块链应用程序主要建立在标准计算单元上，这些支持区块链应用的技术基础设施基本上保持了相对的集中化，但是未来也会不断分叉。例如会有专门做存储的基础链，也会有专门做数据连接、高性能计算的基础链。

分布式商业基础设施包括底层基础链、分布式储存、分布式计算、物联网、跨链等，也包含区块链即服务（Blockchain as a Service, BaaS）的应用平台。BaaS 可以利用云服务基础设施的部署和管理优势，为开发者提供创建、使用服务，甚至安全监控区块链平台的快捷服务。分布式商业基础设施既可以提供分布式账簿技术的基础服务，也可以提供基本的计算、网络和存储等方面整体的解决方案。具体来说，分布式商业基础设施的如账簿的内容管理、个性化及聚合服务提供了存储、查找、检索和呈现的功能。

由于区块链行业的整体发展还相对初级，所以选择投资分布式商业基础设施是目前最好的策略，也可以有效地规避相关的风险。

2.2 区块链的核心优势及可以解决的问题

2.2.1 区块链的核心优势

区块链的核心优势是具有分散性、开放性、不可变性、加密安全性和自主性。区块链允许在不依赖第三方权威的情况下验证信息和交换价值。不存在单一形式的区块链，区块链技术可以有多种配置方式，以满足特定用例的目标和商业需求。

1. 分散性

在区块链中，组织有可以在不需要集中权限的情况下建立一个完全分散的网络，从而提升系统的透明度。分散是指将控制和决策从集中的实体（个人、组织或企业）转移到分布式网络。分散网络努力降低参与者必须相互信任的程度，并阻止他们以降低网络功能的方式对彼此行使权力或控制的能力。

2. 开放性

系统是开放的，除交易各方的私有信息被加密外，区块链的数据对所有人公开，任何人都可以通过公开的接口查询区块链数据和开发相关应用，因此整个系统信息高度透明。

3. 不可变性

区块链采用基于协商一致的规范和协议（如一套公开透明的算法）使得整个系统中的所有节点能够在去信任的环境中自由安全地交换数据，使得对"人"的信任改成了对机器的信任，任何人为的干预不起作用。另外区块链的网络同时具备：分布式监督，不可抵赖，冗余度高，不丢失，解决单点故障，快速同步和沟通，利于快速确认及达成共识等特点。

4. 加密安全性

区块链与其他平台或记录保存系统相比，拥有先进的安全性，任何记录在案的交易都需要按照协商一致的方法商定。另外，每个事务都是加密的，并使用散列方法与旧事务有一个适当的连接。区块链网络也是不可变的，这意味着数据一旦写入，就不能以任何方式被改变。

5. 自主性

区块链解决了过程耗时长的问题，并使过程自动化，以最大限度地提高效率。区块链还在自动化的帮助下消除了基于人的错误。在区块链的协作层面，由于节点之间的交换遵循固定的算法，所以其数据交互是无须信任的。区块链中的程序会自行判断活动是否有效，这样大大加快了区块链的运行速度，使其更为高效。

与其他传统技术相比，使用区块链还有许多优点。

- 使用区块链，企业的业务流程将在高度安全的帮助下得到更好的保护。
- 针对企业业务的黑客威胁也将在更大程度上减少。
- 由于区块链提供了一个分散的平台，所以不需要为集中的实体或中介服务付费。
- 区块链技术使企业能够拥有不同级别的可访问性。
- 企业可以在区块链的帮助下完成更快的事务。
- 账户对账可以自动化。
- 所做的事务是透明的，因此很容易跟踪。

2.2.2 可以解决的问题

1. 联盟形成跨界新商业体

联盟区块链，又称共同体区块链，简称联盟链，是指在共识的过程当中受制于预选节点的区块链。联盟链是区块链家族中比较有特点的一种区块链，它既有私有链的隐私性，也有公有链的去中心化的思维。它的这些特点可以在以下方面有所体现。

首先是交易处理快。在公有链中，一个新的区块是否能够上链，需要由区块链中所有的节点来决定，所以一笔交易必须经过每个节点的确认，这导致公有链对交易的处理速度很慢。那么对于联盟链来说，一个新的区块是否能够上链，只要其中几个权重较高的节点进行确定就可以了，这就意味着，一笔交易不需要所有节点的确认就可以进行，大大地缩短了交易处理时间。

其次是联盟链中的每个节点都有属于自己的一个私钥，每个节点自己产生的数据信息只有该节点自己知道。如果节点与节点之间需要进行信息交换和数据交流，就必须知道对方的节点私钥。这样一来，既能够保证信息的流通，又避免了节点隐私泄露的问题。

基于以上这些特征，联盟链使用的场合主要是在金融行业，主要群体是银行、保险、证券、商业协会、集团企业及上下游企业。相信随着区块链技术的不断发展和完善，区块链的特征会更加明显，优势更为突出，这项技术也一定能更好地服务于我们。

联盟链是由一个特定群体完全控制的，但并不是垄断。当每个联盟成员都同意时，这种控制可以建立自己的规则。

（1）具有更强的隐私性，因为来验证区块的信息不会向公众公开，只有联盟成员可以处理这些信息。联盟链为平台客户创造了更高的信任度和更大的信心。

（2）与公有区块链相比，联盟链没有交易费用，更灵活一些。公有区块链中大量的验证器导致需要同步和相互协议的麻烦。通常这种分歧会导致分叉，但联盟链不会出现这种状况。

（3）联盟链的共识过程由预先选好的节点控制，一般来说，它适用于机构间的交易、结算或清算等 B2B 场景。例如，在银行间进行支付、结算、清算的系统就可以采用联盟链的形式，将各家银行的网关节点作为记账节点。

当网络上有超过 2/3 的节点确认一个区块时，该区块记录的交易将得到全网确认。联盟链可以根据应用场景来决定对公众的开放程度。由于参与共识的节点比较少，联盟链一般不采用工作量证明机制，而是多采用权益证明或实用拜占庭容错等机制。联盟链对交易的确认时间、每秒交易数都与公共链有较大的区别，对安全性和性能的要求也比公共链高。

（4）联盟链网络由成员机构共同维护，网络接入一般通过成员机构的网关节点接入。联盟链平台应提供成员管理、认证、授权、监控、审计等安全管理功能。

联盟链的优点。

（1）可控制性强。与公有链相比，联盟链由于节点一般都是海量的，所以一旦形成区块链，区块数据就将不可篡改，如比特币的节点太多，想要篡改区块数据几乎是不可能的；而联盟链中只要联盟内的所有机构中的大部分达成共识，即可将区块数据进行更改。

（2）半中心化。联盟链在某种程度上只属于联盟内部的成员所有，因其节点数量是有限的，所以很容易达成共识。

（3）交易速度快。从本质上讲联盟链还是私有链，但因为它的节点数量有限制，则容易达成共识，因此交易时速度也是非常快的。

（4）数据不会默认公开。与公有链不同，联盟链的数据只限于联盟内部机构及其用户才有权限进行访问。

2015 年成立的 R3 联盟，旨在建立银行同业的一个联盟链，目前已经吸引了 40 多个成员，包括世界著名的银行（如摩根大通、高盛、瑞信、伯克莱、汇丰银行等），IT 巨头（如 IBM、微软）。银行间结算是非常碎片化的流程，每个银行各自有一套账本，对账困难，有些交易有时要花几天才能校验和确认。同时，其流动性风险很高，在监管报送方面非常烦琐，也容易出现人为错误，结算成本很高。

针对这种情况，R3 联盟构建了一个银行同业的联盟链以解决这些问题。利用区块链技术，银行同业间可以共享一个统一的账本，省掉对账的烦琐工作，交易可以做到接近实时的校验和确认、自动结算，同时监管者可以利用密码学的安全保证来审计不可篡改的日志记录。

R3 联盟将开发 Corda 分布式账本来实现未来愿景。Corda 的名字来源有两个，该名字前半部分听起来像 Accord（协议），后半部分来自 Chord（弦，即圆上两点间最短的直线）的定义。这个圆就代表 R3 联盟中的银行机构。从目前公开的资料来看，Corda 具有以下特点。

（1）数据不一定要全局共享，只有满足合法需求的一方才能在一个协议里访问数据。

（2）Corda 不用一个中心化控制就可以编排联盟成员的工作流。

（3）Corda 对联盟成员之间的每笔交易达成共识，而不是在联盟机构的系统层面达成共识。

（4）Corda 的设计直接支持监管者监督和进行合规性的监控。

（5）交易由参与交易的机构进行验证，而不会报告给与交易无关的机构。

（6）支持不同的共识机制。

（7）明确记录智能合约与用书面语言撰写的法律文件之间的关联。

（8）采用工业标准的工具来构建 Corda 平台。

（9）不设虚拟货币。

Corda 平台注重互操作性和渐进部署，不会将保密信息发布给第三方。一个机构可以和对手机构看到同一组协议，并可以保证对手机构看到的是同样的内容，同时报送给监管机构。Corda 包括共识、校验和认证等功能。

2. 分布式商业激发企业创新

分布式商业的核心是具有平等性、共建性和共享性，它涉及细化、分割和完善每个用户的私有域流量的权限和激励机制，以利用其支离破碎的时间。区块链、大数据、人工智能和其他技术正被用于增强、转移和放大特定闭环系统中的价值，并允许微型、小型和中型企业在整个商业生态系统中抓住机会。

分布式商务在不久的将来将越来越受到人们的信任。它不仅是区块链的前进方向，也是整个数字世界的前进方向。错过这个机会就是错过下一个时代。

分布式商业模式带来的最大变化是角色和心态不同。在传统业务中，消费者主要关注公司内部员工的表现。除员工外，消费者还会关注公司在分布式商务环境下的表现。在传统商业中，消费者只是消费者；而在分布式商业模式中，消费者不仅是消费者，也是分散商业的投资者、生产者、促进者和受益者。

分布式商业模式将是区块链的最终使命，将企业系统转变为一种新型的公共、自组织和非商业业务形式。当创建一个"杀手"应用程序时，世界会变得更好。

（1）金融资本的分布式。

传统的金融市场、工具、交易所和整体治理是集中的，但它们也是分散的，而且效率低下，因为相互关联的业务流程和价值流动的协调被分散在各个中介机构之间。这一传统生态系统在每次遇到异常情况时，都会继续增加额外的中间人或受信任的第三方，这些异常现象要么会导致出现大规模欺诈事件或价值损失，要么会因异常情况而导致出现监管事件。因此，尽管监管格局正在转变，因为它试图堵住每个反常现象，确保金融体系的系统性完整，但它也造成了金融体系的复杂性，并为更多的反常现象和效率低下铺平了道路。金融发展倡议的目标不仅是简化复杂的金融生态系统，而且通过降低成本、提升透明度、减少中介机构的数量，以及使金融体系的创建和消费全面民主化来减少障碍。

分布式金融是利用分散网络技术，破坏或迫使旧金融产品转变为可信和透明的协议的区块链应用中的一种技术变化，这种协议促进了数字价值的创造和传播，但中介机构很少或没有。众所周知，区块链技术为可信的数字交易网络奠定了基础。去了中间环节的平台，由于有新的协同作用，并通过新的数字互动和价值交换机制的共同创造，推动了一级市场和二级市场的增长。虽然区块链本身提供了技术结构，以促进网络中的交换、以及所有权和信任的改变，但在价值要素的数字化中，资产通证化是必不可少的。

（2）技术资源的分布式。

GitHub 是一个开源代码库和协作平台。Git 是一个版本控制系统，当开发人员创建一些东西（如应用程序）时，会在第一个正式（非 Beta）版本发布之前和之后发布不同版本，因为他们会对代码不断地进行更改。

版本控制系统保持这些修改的正确性，将修改存储在中央存储库中。这允许开发人员轻松协作，因为他们可以下载新版本的软件，进行更改，并上传最新版本。每个开发人员都可以看到这些新的更改，下载它们并做出贡献。

同样，与项目开发无关的人仍然可以下载并使用平台上的文件。

根据德勤的统计，GitHub 上估计有 86 000 个基于区块链的代码库。其中，9 375 多个项目来自成熟企业、初创公司和研究组织。平均而言，每年有 8 600 多个区块链项目加入 GitHub。

在 Github 上，任何人都可以通过完善资料，提交证据，翻译，起草合约等方式为项目做贡献。如同其他开源项目，这种贡献是开放的、平等的，甚至匿名的，没有任何地域、身份、等级限制的。大量来自世界各地的、完全不相识的程序员，无直接经济回报（有许多隐形回报，如获得粉丝、招聘机会）地为某个开源软件贡献代码，在无组织结构的前提下完成高效的协作和生产。

如果把思路再扩宽一些想想：开源软件式的协作生产方式有没有可能变成未来社会的主流？开放式、小型化、无地理限制的协作组织会代替现在主流的公司？任何人都能以任何形式参与到一个大的目标、项目中，并以某种方式获得经济回报，或者价值衡量？

（3）人力资源分布式。

LaborX 是一个区块链作业平台，它帮助客户和自由职业者建立联系，通过智能合约提供高效的交易和强有力的保护。LaborX 致力于打破传统的招聘模式，它将雇主与未开发的、熟练的、忠诚的人才库匹配起来，为人力资源专家及短期就业者建立一个平行、去中心化的劳动力交易平台。

LaborX 是 Linked Out 的 Linked In，帮助那些找不到技术人才的公司进入传统上被忽视的人才库。它开创了一个以技能为基础的无论求职者的教育程度、经验或社会资本如何，都可以帮助公司用熟练的应聘者填补其入门级工作岗位空缺的匹配算法。它的重点是从职业培训项目、城市机构和社区学院中寻找技术熟练的求职者。

LaborX 由 Chrono Bank 联合澳大利亚劳动力租赁公司 Edway 共同发起，基于以太坊的智能合约平台建立，能够实现劳动者与企业间的点对点连接，没有第三方中介机构及传统金融机构的参与。

LaborX 希望让短期招聘变得比长期招聘更有吸引力，让时间作为稀缺的劳动力资源而更有价值，却又足够丰富，让任何人都能使用它。

- 加密货币支付：LaborX 在以太坊和 Binance 智能链上支持一系列流行的令牌，在世界各地的客户和自由职业者之间提供快速、高效的解决方案。作为可编程货币，密码交易嵌入 LaborX 的数字合同中，以便完成安全和自动的付款。

- 智能合约：使用合同模块设置如何共同工作的条件，包括截止日期和付款条件。LaborX 通过数字托管保护雇佣双方的财务关系，在合同签署时锁定资金，在完成和接受工作时自动释放资金。

- 低佣金：虽然流行的自由职业者平台向用户收取高达 20%的费用，但 LaborX 采用分布式模式，意味着自由职业者的佣金只有 10%，客户的佣金为 0%，同时保证账户持有人将永久免费使用 LaborX。

- 声誉：声誉模块提供保护和反馈系统，以帮助用户选择最好的自由职业者和客户。LaborX 的算法考虑了以前的经验和教育、审查、完成的合同等因素，变量是根据其重要性和相关性进行加权的。

- 工作挖矿：自由职业者为每份已完成的工作支付其收入的 10%作为平台费，这些费用用于购买时间公开市场的代金券，然后在自由职业者、客户和时间基金之间进行分配。这个时间令牌首先在客户和自由职业者之间以 50：50 的名义被分割。取决于每个用户的高级状态，每个用户得到 5%～100%的一半，其余的被分配到 Time Fund。

（4）运营资源的分布式。

分布式自治组织（Decentralized Autonomous Organization，DAO），是一个理论上的组织或公司，由代码代替人操作。倡导者认为，DAO 为组织或公司提供了一种减少等级结构的方式，投资者直接指导公司的方向，而不是指定的领导人。

简而言之，DAO 是由透明的计算机程序编码的规则代表的组织，由组织成员控制，不受任何第三方的影响和控制。由于规则被嵌入代码中，所以不需要管理人员，从而消除了任何组织中的官僚或层次结构的障碍，在编码的规则下，从一开始就推动公司或组织有效地运行。

DAO 是基于以太坊的智能合约，只有在满足某些条件时，才能通过编写程序来执行某些任务。这些智能合约可以自动执行典型的公司任务，例如，只有在有一定比例的投资者同意为项目提供资金后，才能发放资金。

许多人认为 DAO 是更严格地保障民主的一种方式。利益相关者可以就添加新规则、更改规则或驱逐成员进行投票。而且，除非成员投票赞成，否则 DAO 是无法改变的。

DAO 的一些主要特征具体如下。

- 无等级：通常没有分级管理。利益相关者通常是做出决定，而不是当领导或经理。
- 透明代码是开源：这意味着任何人都可以查看它。在区块链上，任何人都可以浏览历史，看看是如何做出决定的。
- 开放存取：任何有互联网接入的人都可以持有或购买 DAO 令牌，从而赋予他们在 DAO 中的决策权。
- 民主变革：投资者可以通过对新方案的投票来改变 DAO 的规则。
- 招聘：从理论上讲，DAO 甚至可以雇用外来人才，因为仍然有一些工作需要具体的某类工程师才能完成。例如，针对服务器设备报告故障，需要自动雇用修理工等。

DAO 被用于许多场景，如投资、筹款、借款或购买 NFT，所有这些都没有中介。这种类型的组织正变得突出起来，甚至有可能取代一些传统公司。企业和品牌需要跟上当前的趋势，这些趋势可能会影响它们如何与消费者打交道，以及消费者如何与它们互动。虽然 DAO 还没有普及，但它们似乎正在与许多创建者合作。

（5）产品渠道的分布式。

分布式应用程序（也称为 DApp）提供类似于典型消费者应用程序提供的服务，但它们使用块链技术通过消除中央中介管理数据的需要，赋予用户对数据的更多控制权，从而使服务或产品完全呈分布式。

建立在以太坊上的 DApp 使用区块链技术直接连接用户。区块链是一种将分布式系统连接在一起的方法，其中每个用户都有一个记录副本，用户不必经过第三方，这意味着他们不必将自己的数据控制权拱手让给其他人。

对于 DApp 还没有一个一致的定义，因为它是一个相对较新的概念。但是，DApp 的主要特点包括以下方面。

代码开源：每个代码都是公开的，任何人都可以查看、复制和审核。

分布式：DApp 没有负责人，所以没有中央机构可以阻止用户在应用程序上做他们想做的事情。

区块链：如果没有一个中央实体，那么是什么让应用在一起呢？DApp 使用底层的区块链（如以太坊）来进行协调，而不是使用中心实体。

智能合约：分布式应用程序使用以太坊的智能合约自动执行某些规则。

全球目标是让世界上的任何人都能发布或使用这些 DApps。

任何人都可以运行以太坊中的一个节点，通过这个节点运行任何 DApp 应用服务，也就是核心的服务逻辑通常是公开的，这在降低行业壁垒的同时减少了用户对一个平台的依赖性，也说明了未来去中心化商业服务的竞争更是一种综合的生态竞争。

（6）客户关系的分布式。

分布式商业中的用户可能是最没有忠诚度概念的，他们可以随时与一个DApp 解除关系，但是他们同时也是最积极参与的一个群体。因为用户从协议开始就可以参与和构建产品或服务，由于社区的开放性，用户在当时技术条件下的需求，在固定的几乎没有边际成本的条件下，应当都是可以被满足的。用户在项目开始时就进入能保证需求和产品的无缝关系。只有那些产品或服务的可用性最好、最能解决他们的需求、流动性最强、盈利可能性最好的应用才能成为他们的使用对象。

因此，分布式商业服务将更加细分，更加长尾，甚至对于热点服务产生一种更极端的中心化，但这种中心化服务是可信的。边际成本基本为零，用户可以接近无限扩展，只受限于系统处理能力。

3. 共识机制开发新的生产力

共识机制，也称为区块链的共识算法。什么是共识？举个例子，现在有四个人要均匀分一块蛋糕，且要做到每个人都满意。如果在中心化的系统中，第四个人（分配人）是妈妈，其他三个人（被分配人）是孩子。那妈妈肯定不会偏心，且分配得肯定比较均匀。如果是四个毫不相干的人，那怎么办？有几种方案，第一种，在四个人中随机挑选一个分蛋糕的人，分完蛋糕之后，让其他三个人先选择蛋糕，分蛋糕的人最后拿，那他肯定会分配得均匀。第二种，这四个人可以玩石头、剪刀、布或打一局麻将，赢的人不但可以分配蛋糕，还可以从其他三人那得到一块。如果分配得让其他三个人不满意，那其他三个人可以否决分配方案，也不给他蛋糕。更严重的话，可以剔除他获取蛋糕的权利。这样也保证了分配均匀。

共识很容易理解，就是多方达成一致，在以上例子里就是达成一致的分配蛋糕方案。共识机制就是一套完整的分配蛋糕方案。

同理，在区块链中，共识机制就是对交易达成一致。再说得直白一点就是对资金的流向达成一致。共识机制如图 2-1 所示。

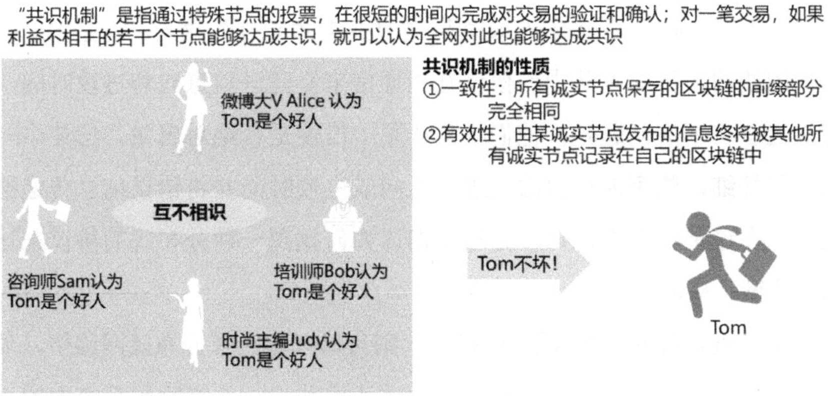

"共识机制" 是指通过特殊节点的投票，在很短的时间内完成对交易的验证和确认；对一笔交易，如果利益不相干的若干个节点能够达成共识，就可以认为全网对此也能够达成共识

共识机制的性质
①一致性：所有诚实节点保存的区块链的前缀部分完全相同
②有效性：由某诚实节点发布的信息终将被其他所有诚实节点记录在自己的区块链中

微博大 V Alice 认为 Tom 是个好人

互不相识

咨询师 Sam 认为 Tom 是个好人

培训师 Bob 认为 Tom 是个好人

时尚主编 Judy 认为 Tom 是个好人

Tom 不坏！

Tom

图 2-1　共识机制

那么为什么需要使用共识机制？

由于点对点网络下存在较长的网络延迟，各个节点所观察到的事务先后顺序不可能完全一致。因此，区块链系统需要设计一种机制对在差不多时间内发生的事务的先后顺序达成共识。这种对一个时间窗口内的事务的先后顺序达成共识的算法被称为共识机制。

共识算法解决的是分布式系统对某个提案，在大部分节点达成一致意见的过程。提案的含义在分布式系统中十分宽泛，如多个事件发生的顺序、某个键对应的值、谁是主节点……可以认为任何可以达成一致的信息都是一个提案。对于分布式系统来说，各个节点通常都是相同的确定性状态机模型（又称为状态机复制问题，State Machine Replication），如从相同初始状态开始接收相同顺序的指令，则可以保证相同的结果状态。因此，最关键的是系统中多个节点对多个事件的顺序达成共识，即排序。

拜占庭将军问题是一个共识问题，首先由莱斯利·兰伯特等人在 1982 年提出，又名拜占庭容错问题、两军问题。对于该问题的非正式描述是：拜占庭帝国想要对一个强大的敌人进行进攻，为此派出了 10 支军队去包围这个敌人。这个敌人的实力虽然无法与拜占庭帝国相匹敌，但也足以抵御 5 支拜占庭常规军队的同时袭击。由于某些原因，这 10 支军队不能集合在一起单点突破，只能在分开的包围状态同时攻击。10 支军队中的任一军队单独进攻都毫无胜算，除非至少有 6 支军队同时袭击才能打败敌人。这些军队分散在敌人的四周，依靠军队中的信使互相通信来协商进攻意向和进攻时间。眼下困扰这些将军的问题是，他们不确认军中信使是否绝对忠诚。信使中一旦混入敌国奸细，就可能擅自改变进攻意向或进攻时间并将错误信息传递给其他将军，在这种状态下，拜占庭将军们该如何找到一种分布式的协议来让他们远程协商、赢取战斗？

将上述概念引入 P2P 通信网络中，则可以理解为在分布式网络中，处于不同地理位置的计算机通过交换信息尝试达成共识，但有时候系统中的协调计算机（Coordinator/Commander）和成员计算机（Member/Lieutanent）可能由于系统错误而交换错的信息，影响最终的系统一致性。

区块链通过对这一系统做出一个简单的修改，解决了拜占庭将军问题。以比特币系统为例，比特币的区块链通过基于哈希算法的工作量证明机制为发送信息加入了成本，进而降低了信息传递的速率，并引入了随机元素以保证在一个实践之内只有一个城邦（用户）可以进行广播。那台成功计算出有效哈希值的计算机将所有之前的信息汇聚在一起，再将自己的信息附于末尾，加之以数字签名，如网络中的其他计算机接收到并验证了这个准股权的哈希值和附在上面的信息，它们就会停止当下的计算，使用新的信息更新各自手中持有的账本副本，然后在更新后的账本的基础上开始新一轮的哈希值计算。如此这般，多个网络上的计算机都能够保证使用着同一版本的账本，拜占庭将军问题得以完美解决。

（1）PoW 机制。

工作量证明（Proof of Work，PoW）机制如图 2-2 所示。

比特币在区块的生成过程中使用了 PoW 机制，一个符合要求的 Block Hash 由 N 个前导零构成，零的个数取决于网络的难度值。要得到合理的 Block Hash 需要经过大量尝试计算，计算时间取决于机器的哈希运算速度。当某个节点提供了一个合理的 Block Hash 值时，说明该节点确实经过了大量的尝试计算，当然，并不能得出计算次数的绝对值，因为寻找合理 Hash 是一个概率事件。当节点拥有占全网 *n*% 的算力时，该节点即有 *n*/100 的概率找到 Block Hash。

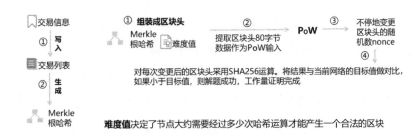

PoW 通过评估工作量来决定获得记账权的概率，工作量越大就越有可能获得此次记账机会
特点：安全、去中心化，但速度低、共识时间长、耗能大

图 2-2　工作量证明（PoW）机制

工作量证明机制看似很神秘，其实在社会中的应用非常广泛。例如，毕业证、学位证等证书，就是工作量证明，拥有证书即表明你在过去所经历的学习与工作。在生活中大部分事情都是通过结果来判断的。

（2）PoS 与 DPoS 机制。

权益证明（Proof of Stake，PoS）机制与代理权益证明（Delegated Proof of Stake，DPoS）机制如图 2-3 所示。

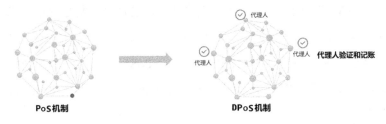

PoS 机制通过评估持有代币的数量和时长来决定获得记账权的概率。其特点是共识时间短，耗能小。目前 PoS 机制采用随机区块选择、基于区块权益选择两种方法来定义任意区块链中的下一合法区块。DPoS 机制与 PoS 机制的基本原理相似，只是 DPoS 选了一些代表，与 PoS 的主要区别在于在节点选举了若干代理人，由代理人验证和记账。其特点是出区块时间很短，效率非常高

图 2-3　PoS 与 DPoS 机制

1）PoS。

PoW 机制是靠大量资源的消耗来保证共识的达成的，有没有完全不需要靠计算机资源堆砌来保证的共识机制呢？2011 年，一位名为 Quantum

Mechanic 的数字货币爱好者在 Bitcointalk 论坛提出 PoS 机制，该机制被充分讨论之后证明具有可行性。如果说 PoW 主要比拼算力，如算力越大，挖到一个区块的概率越大，则 PoS 是比拼余额，通俗来说就是自己手里的币越多，挖到一个区块的概率越大。

PoS 机制存在一个漏洞，就是会产生鼎鼎大名的 Nothing at Stake 攻击（常写作 N@S）。假设系统中出现了两个分支链，那么对于持有币的"挖矿者"来说，最佳的操作策略就是同时在两个分支上进行"挖矿"，这样，无论哪个分支胜出，对币种持有者来说，都会获得本属于他的利益，即不会有利益损失。而且由于不需要算力消耗，所以 PoS 中在两个分支上挖矿是可行的。这导致的问题是，只要系统存在分叉，"矿工们"都会同时在这几个分支上挖矿。因此在某种情况下，发起攻击的分叉链是极有可能成功的，因为所有人也都在这个分叉链上达成了共识；而且甚至不用持有 51% 的币量，就可以成功发起分叉攻击。而这在 PoW 中是不可行的，因为挖矿需要消耗算力，矿工只能在一个分支上进行挖矿。所以在实际的 PoS 机制中，还需要加入一些惩罚机制，如果矿工被发现在两个分支同时挖矿，就会被惩罚。

第一个 PoS 虚拟货币：点点币。

点点币（Peercoin, PPC）于 2012 年 8 月发布，其最大的创新是采矿方式混合了 PoW 机制及 PoS 机制，其中 PoW 主要用于发行货币，未来预计随着挖矿难度上升，产量降低，系统安全主要由 PoS 机制维护。目前，区块链中存在两种类型的区块，PoW 区块和 PoS 区块。PPC 的创始人为同样不愿意公开身份的密码货币极客 Sunny King，同时也是 Primecoin 的发明者。

2）DPoS。

针对 PoW、PoS 机制的效率低和会变得越来越中心化的问题，BM 在 2013 年 8 月启动的比特股 BitShares 项目则采用了 DPoS 共识机制。

比特股核心账本采用石墨烯技术，对交易容量和区块速度有极高要求，显然 PoW 机制或 PoS 机制都达不到要求，于是比特股发明了一种新的共识机制代理 DPoS。

DPoS 很容易理解，类似于现代企业董事会制度，比特股系统将代币持有者称为股东，由股东投票选出 101 名代表，然后由这些代表负责产生区块。那么需要解决的核心问题主要有：代表如何被选出，代表如何自由退出"董事会"，代表之间如何协作产生区块等。持币者若想成为一名代表，需先拿自己的公钥去区块链注册，获得一个长度为 32 位的特有身份标识符，用户可以对这个标识符以交易的形式进行投票，得票数排在前 101 位的持币者被选为代表。代表们轮流产生区块，收益（交易手续费）平分。如果有代表不老实生产区块，则很容易被其他代表和股东发现，且将立即被踢出"董事会"，而空缺位置由得票数排在 102 位的持币者自动填补。

从某种角度来说，DPoS 可以理解为多中心系统，兼具去中心化优势。

共识机制的应用非常多，而目前比较典型的有 PBFT（实用拜占庭容错共识，Practical Byzantine Fault Tolerane）、PoW、PoS、DPoS、Raft 和 Ripple，如图 2-4 所示。

机　制	应　用	说　明
PBFT	私有链/联盟链	解决原始拜占庭容错算法效率不高的问题
PoW	公有链：比特币	解决谁有记账权，谁算力大，谁收益大的问题
PoS	公有链：以太坊	解决谁有记账权的问题
DPoS	公有链：EOS	解决谁有记账权的问题，类似议会选举制度
Raft	私有链/联盟链	解决非拜占庭将军问题的分布式一致性算法
Ripple	公有链：瑞波	一种互联网金融交易协议

图 2-4　目前比较典型的几种共识机制

（3）PoW、PoS 和 DPoS 机制的基本原理、优缺点。

1）PoW 机制。

基本原理：这是比特币采用的共识机制，也是最早的。理解起来，很简单，就是"按劳取酬"，如你付出多少劳动（工作），就会获得多少报酬（如比特币等加密货币）。在网络世界里，这里的劳动就是你为网络提供的计算服务（算力×时长），提供这种服务的过程就是"挖矿"。

那么"报酬"怎么分配呢？假如是真的矿藏，那么显然在均匀分布的前提下，人们"挖矿"所得的比重与各自提供的算力呈正比，通俗一点就是，能力越强获得越多。

优点：PoW 机制中的挖矿难度自动调整、区块奖励逐步减半等因素都是基于经济学原理的，能吸引和鼓励更多人参与。

理想状态下，PoW 机制可以吸引很多用户参与其中，特别是越先参与的获得越多，会促使加密货币的初始阶段发展迅速，节点网络迅速扩大。在Cpu挖矿的时代，比特币吸引了很多人参与"挖矿"，就是很好的证明。

通过"挖矿"的方式发行新币，把比特币分散给个人，实现了相对公平（比起那些不用挖矿，直接 IPO 的币要公平的多）。

缺点：一是，算力是计算机硬件（Cpu 等）提供的，要耗费电力，是对能源的直接消耗，与人类追求节能、清洁、环保的理念相悖。不过，如果非要给"加密货币"找寻"货币价值"的意义，那么这个方面，应该是最有力的证据。二是，PoW 机制发展到今天，算力的提供者已经不再是单纯的Cpu 了，而是逐步发展到 Gpu、FPGA，乃至 ASIC 矿机。用户也从个人挖矿发展到大的矿池、矿场，算力集中越来越明显。这与去中心化的方向背道而驰，渐行渐远，网络的安全逐渐受到威胁。有证据证明 Ghash（一个矿池）就曾经对赌博网站实施了双花攻击（简单来说就是一笔钱花两次）。三是，比特币区块奖励每 4 年将减半，当挖矿的成本高于挖矿收益时，人们挖矿的积极性降低，会有大量算力减少，比特币网络的安全性进一步堪忧。

2）PoS 机制。

基本原理：没有挖矿过程，在创世区块内写明了股权分配比例，之后通过转让、交易的方式（通常就是 IPO），逐渐分散到用户手里，并通过"利息"的方式新增货币，实现对节点的奖励。

简单来说，PoS 机制就是一个根据用户持有货币的多少和时间（币龄），发放利息的一个制度。现实中最典型的例子就是关于股票，或者是银行存款。如果用户想获得更多的货币，那么就打开客户端，让它保持在线，就能通过获得"利息"的方式获益，同时保证网络的安全。

优点：一是节能。不用挖矿，不需要耗费大量电力和能源。二是更去中心化。首先，去中心化是相对的。相对于比特币等 PoW 类型的加密货币，PoS 机制的加密货币对计算机硬件基本上没有过高要求，人人可挖矿（获得利息），不用担心算力集中导致中心化的出现（单用户通过购买获得 51% 的货币量，成本更高），网络更加安全有保障。三是避免紧缩。PoW 的加密货币，因为用户丢失等，可能导致通货紧缩，但是按一定的年利率新增 PoS 机制的加密货币，可以有效避免紧缩出现，保持基本稳定。比特币之后，很多新币采用 PoS 机制，而很多采用 PoW 机制的老币，也纷纷修改协议，"硬分叉"升级为 PoS 机制。

缺点：纯 PoS 机制的加密货币，只能通过 IPO 的方式发行，这就导致"少数人"（通常是开发者）获得大量成本极低的加密货币，在利益面前，很难保证他们不会大量抛售。因此，PoS 机制的加密货币，信用基础不够牢固。为解决这个问题，大多采用 PoW+PoS 的双重机制，通过 PoW 挖矿发行加密货币，使用 PoS 维护网络稳定。或者采用 DPoS 机制，通过社区选举的方式，加强信任。

3）DPoS 机制。

基本原理：这是比特股（BTS）最先引入的。比特股首次提出了去中心化自治公司（DACs）的理念。比特股的目的就是用于发布 DACs。这些无人控制的公司发行股份，产生利润，并将利润分配给股东。实现这一切不需要信任任何人，因为每件事都是被硬编码到软件中的。通俗点讲就是：比特股创造可以赢利的公司（股份制），股东持有这些公司的股份，公司为股东产生回报，无须挖矿。

对于 PoS 机制的加密货币，每个节点都可以创建区块，并按照个人的持股比例获得"利息"。DPoS 是由被社区选举的可信账户（受托人，得票数排在前 101 位）来创建区块的。为了成为正式受托人，用户要去社区拉票，获得足够多用户的信任。用户根据自己持有的加密货币数量占总量的百分比来投票。DPoS 机制类似于股份制公司，普通股民进不了董事会，要投票选举代表（受托人）代他们做决策。

这 101 位受托人可以理解为 101 个矿池，而这 101 个矿池的权利是完全相等的。那些握着加密货币的用户可以随时通过投票更换这些代表（矿池），只要他们提供的算力不稳定，计算机宕机，或者试图利用手中的权力作恶，他们将会立刻被愤怒的选民们踢出整个系统，而后备代表可以随时顶上去。

优点：一是，能耗更低。DPoS 机制将节点数量进一步减少到 101 个，在保证网络安全的前提下，整个网络的能耗进一步降低，网络运行成本最低。二是，更加去中心化。目前，对于比特币而言，个人挖矿已经不现实了，比特币的算力都集中在几个大的矿池手里，每个矿池都是中心化的，就像 DPoS 机制的一个受托人，因此 DPoS 机制的加密货币更加去中心化。PoS 机制的加密货币（如未来币），要求用户开着客户端，事实上用户并不会天天开着计算机，因此真正的网络节点是由几个股东保持的，去中心化程度也不能与 DPoS 机制的加密货币相比。三是，更快的确认速度。例如，亿书使用 DPoS 机制，每个区块的产生时间为 10 秒，一笔交易（在得到 6～10 个确认后）大概 1 分钟，一个完整的 101 个区块的产生周期大概仅需要 16 分钟。而比特币（PoW 机制）产生一个区块需要 10 分钟，一笔交易完成（6 个区块确认后）需要 1 小时。点点币（PoS 机制）确认一笔交易大概也需要 1 小时。

缺点：一是投票的积极性并不高。绝大多数持股人（90％＋）从未参与投票。这是因为投票需要时间、精力及技能，而这恰恰是大多数投资者所缺乏的。二是对于坏节点的处理存在诸多困难。社区选举不能及时有效地阻止一些破坏节点的出现，给网络造成安全隐患。

2.3　区块链赋予的新商业机会

2.3.1　金融科技的新范式

区块链能够让人们在互不信任、没有中间人背书的情况下开展交易，能够从"一纸契约、立字为据"的纸质凭证向"立数字为据、使用数字签名"的数字凭证转变。区块链技术是管理数字凭证的可信技术，是数字时代的"信任机器"和基石；是全新的信息技术架构、高阶的分布式计算范式，是新一代可信云计算的雏形；是新兴分布式账本技术、全新价值交换技术，是新一代金融基础设施。

区块链是金融科技领域最具挑战性的创新之一，因为区块链从根本上颠覆了传统金融的固有逻辑、运行模式和业务范围，突破了约定俗成的条条框框的限制，踏入了此前无法涉及的一系列全新的应用领域。

区块链被称为颠覆性的技术，将重构互联网金融乃至整个金融业的关键底层基础设施，其在金融领域的价值正在等着人们去发现。

2.3.2　银行结算的新业态

国内的杭州复杂美区块链研究中心初步开发了一个基于以太坊的区块链借贷票据交易所开源项目，它整合了金融、餐饮、企业管理、快递追踪等多个细分领域运用区块链技术的理念。复杂美区块链网络借贷票据交易所开源项目应用区块链技术的网络借贷交易所，可以完成宣称每秒 15 万笔、无手续费的线上交易。

基于区块链的票据业务具有四方面的优势。一是，从道德风险来看，纸票中"一票多卖"、电子票据中打款背书不同步的现象时有发生，但区块链

45

由于具有不可篡改的时间戳和全网公开的特性，无论是纸票还是电子票，一旦交易，将不会存在赖账现象。二是，从操作风险看，由于电子票据系统是中心化运行的，一旦中心服务器出现问题，则对整个市场产生灾难性的后果，同时企业网银的接入将会把风险更多地转嫁到银行自身的网络安全问题上，整个风险的链条会越来越长。而借助区块链中的分布式高容错和非对称加密算法，人为操作产生的风险将几乎为零。三是，从信用风险来看，借助区块链的数据可以实现对所有参与者信用的收集和评估，并可进行实时控制。四是，从市场风险来看，中介市场大量的资产错配不仅导致了自身损失，还捆绑了银行的利益。借助区块链的可编程性不仅可以有效控制参与者资产端和负债端的平衡，更可借助数据透明的特性加强整个市场交易价格对资金需求反应的真实性，进而形成更真实的价格指数，有利于控制市场风险。

银行结算是指通过银行账户的资金转移实现收付的行为，即银行接受客户委托代收代付，从付款单位存款账户划出款项，转入收款单位存款账户，以此完成客户之间债权债务的清算或资金的调拨。在此过程中，银行既是商品交换的媒介，也是社会经济活动中清算资金的中介。

与国内银行主要依靠存贷差赢利的模式不同，跨国银行赢利的半壁江山都来源于中间结算业务，对于它们而言，如何开辟新的业务领域、合理降低结算成本，直接关乎其根本利益。

VISA 是世界上最大的信用卡公司之一，毫无疑问，数字密码货币的兴起必然对其信用卡支付业务带来冲击。然而 VISA 对于电子货币和区块链并不是一直抵触，而是采取了开放的态度。

2015 年 10 月，VISA 和 DocuSign 联合推出了一个"概念证明"项目，使用比特币区块链来记录保管租车数据。该项目将 DocuSign 的数字交易管理（DTM）平台和电子签名解决方案，与 VISA 的安全支付技术进行了结合。这可以让消费者在车内配置租赁、保险和其他日常采购的项目，例如交停车费和通行费，并且用户可直接使用 VISA 卡进行支付。

外围的应用并没有使 VISA 得到满足。同年，VISA 同 Coinbase 合作，推出了首张在美国可以使用的比特币借记卡。11 月 30 日，在伦敦举办的 UnBound 大会上，VISA 欧洲创新实验室又展示了一款"概念证明"汇款应用，通过这款应用，人们可以在比特币区块链上汇款。

2016 年 9 月，VISA 更是推出了与数字支付创业公司 BTL Group 合作的基于区块链技术的银行间结算支付系统 Interbit，以此来评估区块链技术能否为银行间的国际转账降低成本和信贷风险，以及缩短结算时间。

从一系列重大动作可以看出：VISA 开始认识到区块链技术的价值，正在努力使区块链技术成为扩大其势力范围的强有力工具。

区块链在银行结算方面的优势：安全、方便、智能。银行内部发行数字密码货币除在既有的业务上利用区块链技术进行改造外，世界各大银行也纷纷推出了自己的加密数字货币计划，以便降低自己的运营成本。区块链在银行数字密码货币方面的优势：降低成本。

2.3.3　法律与政务的新变化

法律作为一种配置社会资源的机制，决定社会经济发展的客观要求并直接影响经济运行的全部过程。法律是在国家制度的框架下，加以确认的一套格式化的规则体系，它能够简化社会关系的复杂程度、节约交易成本，帮助社会成员安全、规范、有序地进行交易。

区块链则基于法律框架，不仅通过预设自动执行的智能合约，在约束并引导人们的行为时引入技术，而且依靠技术使信息更加透明、数据更加可追踪、交易更加安全成为现实，大大降低了法律的执行成本，呈现出法律规则和技术规则协同作用、相互补充，法律与经济融为一体、逐渐趋同的态势，法律的约束与执行逐渐走向智能化。

合同是解决信任、透明度和执法问题的正式协议，如市场交易合同、企业组织生产经营活动的各种内部规章，以及其他一些契约。目前，主要依靠第三方或当事人的忠实履约来保障各方权益。其在具体操作过程中面临一系列成本费用。例如，交易双方在要约与承诺阶段因大量的谈判而发生的签约成本；合同签订过程中双方还可能根据不同的情况对合同条款进行修改、补充，以使合同更加完备而产生的修约成本；合同的维护和执行过程中发生的履约成本等。

智能合约。区块链系统上的智能合约实现了法律约束与执行的低成本化。智能合约不同于传统合同，它将分布式账本的加密算法、多方复制账本及控制节点的权限等关键性程序结合起来，形成以计算机语言而非法律语言记录的条款合同，是承诺变现实的一个美妙应用。智能合约由计算机系统在条件触发时自动执行，排除了不必要的人工参与，节省了大量签约成本、履约成本。尤其是涉及大量、高频、低价值交易时，其经济性更为凸显。智能合约具备自治、自足、去中心化等特点，与合同法有重要的关系。

智能合约的一些常见使用方法具体如下。

- 多重签名账户：只有在有一定比例的人同意的情况下，才能动用资金。

- 智能财务协议：通过加密和智能的方式，管理用户之间的协议。例如，如果一个人从一家保险公司购买保险，则什么时候可以赎回保险的规则可以编入一份明智的合同。

- 基于外部世界的协定：在智能合约的帮助下从外部世界（金融、商业或其他）获取数据预言模型。

- 提供第三方类似于软件库的工作方式：智能合约可以与区块链中的其他智能合约一起工作。

- 存储有关应用程序的信息：如域注册信息或成员资格记录。区块链中的存储是唯一的，因为数据是不可变的，不能被擦除。

分布式账本。区块链技术分布式账本记录的特点，不仅方便了政府的行政管理，也为执法部门提供了重要的证据线索。区块链将自出现"创世区块"（区块链系统中的第一个区块）以来的所有操作都完整、真实记录在区块中，并且形成的数据记录不可篡改，因此任何活动都是可以被追踪和查询到的，有效地解决了数据保留的问题。这使得区块链在司法领域也将得到较好的应用。在一些民事领域时常出现的举证定责难的情况，也会因为区块链的实时记录、忠实保存、难以篡改、便于提取的特点而帮助当事人解决举证的问题，为司法机关节省了很多"定责成本"。

通过运用区块链技术，可以创建一个透明的分布式账本，记录所有权变化及可能经历的全部交易过程，可以用它来跟踪和执行智能合约，验证业务关系，使商业合同的执行成本大大减少。

政府监管。区块链技术还能够提升政府的监管能力和监管的水平，丰富政府的监管方式和手段，通过排查整治了解数据案例的情况，并且通过大数据+区块链，提升政府监管的能力，政府就会给民间更多的创新空间。

知识产权和个人信息保护。区块链还可用于知识产权和个人信息保护。在大量的合同交易过程当中，如何确保所获取的个人信息、个人数据等不被泄露，能够有效地保障、保护大家的个人信息、个人数据，这也是问题的关键所在。区块链可以为个人信息保护提供很好的技术支持。

2.3.4　传统制造业的新机遇

传统制造业的成功取决于实体产品，它需使用最好的设备，以最高效的方法组装零件，创造出最好的产品。但是一个值得信赖的供应商必须经过深思熟虑的选择并获得管理、监督和质量、可靠性和一致性方面的认证，这些烦琐的活动降低了生产力和效率，浪费了不断上升的经营成本。

区块链技术提供了一种潜在的补救方法。区块链作为一种基于软件的分布式分类账系统，维护在多个计算节点上，大大降低了制造价值链中不断上升的"信任税"。在最大限度地不影响企业正常生产、商业活动的前提下提供"柔性"合规监管的可能；分布式的部署方式能够根据现实产业不同状况提供分行业、分地域、分阶段、分步骤，理性建设和发展的路径。

区块链对于新形成的分布式制造模型尤其有用，例如 3D 打印，Innogy

（欧洲领先能源公司 RWE 的一个子公司）和 EOS GmbH 电子光学系统公司（工业 3D 印刷的领先企业）开发了一家以区块链为动力的共享 3D 印刷厂。

该试验使用区块链，通过端到端加密，以保护高价值的设计文件不被盗窃或篡改。区块链启用智能合约允许这些文件自动协商条款和条件（如价格、质量水平和交货日期），而不需要中间人。智能合约还可以自动定位最合适的打印机（基于可用性、价格、质量和位置等属性）。

该试验还将确保对文件所有者进行安全支付，以及向设计师和其他知识产权所有者支付版税。此外，区块链将使人们能够创建安全的"数字产品存储器"，这些存储器包括从产品中使用的原材料的来源到产品的制造地点和方式，到产品的维护和召回历史等的不变记录。

通过区块链，可以为每个产品创建一个不变的信息记录，即"数字产品内存"。这些数据将包括生产中使用的材料，以及所有质量、设计和印刷工艺数据。此记录还将保存有关产品的所有权、来源、真实性、购买价格和使用的货币的信息。所有这些信息都可以通过允许多个供应链合作伙伴验证消息的真实性和安全性的密码条件来保护。

这个试验性工厂是"软件定义"工厂中的第一家。它不仅大大提高了制造业的生产力、质量和运营成本，而且在一个日益商品化和全球化的世界中确保了用于制造货物的知识产权。

根据 Gartner 数据，到 2025 年，区块链业务增值将超过 1 760 亿美元，2030 年将超过 3.1 万亿美元。区块链和物联网的结合会彻底改变关于产品安全、追踪溯源、保修管理和维修保养的业务模式，带来智能联网产品的基于使用的新业务模式。另外，在年收入超过 50 亿美元的制造公司中，30%的公司将使用区块链实施工业 4.0 试点项目，当前参与率不到 5%。

区块链突破了新一代信息技术的界限

第 3 章

3.1 当区块链遇到物联网

物联网是网络设备集合的名称，不包括笔记本电脑和服务器等传统电脑。网络连接的类型可以包括 Wi-Fi 连接、蓝牙连接和近场通信。物联网包括"智能"设备，如冰箱和恒温器；家庭安全系统；计算机外围设备，如网络摄像机和打印机；可穿戴技术，如苹果手表和 Fitbit；路由器；智能扬声器设备，如小米音箱、亚马逊 Echo 和 Google Home。随着物联网中设备数量的增长，如果以传统的中心化网络模式进行管理，将产生巨大的数据中心基础设施建设投入，即维护投入。此外，当万物互联时，基于中心化的网络模式也会存在物联网中用户隐私信息泄露的隐患。

区块链的分布式特性为物联网的自我治理提供了方法，可以帮助物联网中的设备理解彼此，并且让物联网中的设备知道不同设备之间的关系，进而通过寻址和权限控制，实现对分布式的物联网的去中心化控制。区块链与物联网的结合有望实现未来万物互联时代下，保障安全可靠性前提下的海量设备间的协作与自我治理。

3.1.1　Web 3.0

最初，Web 1.0 的页面是静态的，通过 Internet 进行交互式通信是不可能的，用户仅限于阅读 Html 页面。Web 1.0 时代的代表站点为新浪、搜狐、网易三大门户。

20 世纪 90 年代，互联网迅速发展，技术也发生了剧烈的变化，Web 2.0 开始成为互联网的主流技术，网络开始转向互动形式。内容变得面向用户，网站和应用程序变得可互操作。新的商业模式诞生于社交网络、移动应用程序和类似领域。Web 2.0 时代的代表物有微博、天涯社区、各种移动 App 和自媒体等。Web 2.0 网络是平台，用户提供信息，而通过网络，其他用户获取信息。

现在，Web 2.0 的容量不足以跟上正在发生的变化。在 Web 2.0 中，数据由第三方生成并存储在集中的存储库中。虽然用户可以独立决定共享哪些内容，但当用户开始寻找移动应用程序的宿主时，情况会发生变化。因为用户在 Web 2.0 网站系统内拥有自己的数据，并完全基于 Web，所有功能都要通过浏览器完成，这就导致用户的选择是非常有限的。

如果一个应用程序只有几个用户，则它可以住在一个内部部署中心。当用户数量开始增长时，唯一可行和合理的选择就是某种形式的云。与内部部署服务器相比，云托管提供了许多优势，如先进的性能、安全性和灵活性，但也带来了一些挑战，如对数据失去控制。当你将数据存储在第三方服务器上时，你在技术上对数据的控制就更少了。如果第三方服务器遭遇了数据破坏，那你的数据可能会丢失。此外，供应商有义务向执法机构提供访问存储在其服务器上的数据的权限。

另外，由于云服务提供商通常不会在世界各地都有自己的服务器，而服务器位置如果设置较远，且流量需要经过较长的路程，则用户可能会遇到延迟。更换供应商可能非常具有挑战性。在云之间迁移需要时间和成本。这些问题都有望通过 Web 3.0 解决。

虽然 Web 3.0 还没有出现，甚至还没有最终定义，但大多数用户都同意其具备以下的一些特性。

（1）Web 3.0 将通过消除第三方和支持不可信的 P2P 交易而分散。

（2）它将包括语义网、3D 图形、人工智能，无处不在。

（3）Web 3.0 将允许用户和机器与数据交互。但要做到这一点，程序应该学会从概念和上下文上理解信息。目前还不可能，但研究人员希望人工智能将有助于克服这一障碍。

（4）在区块链的帮助下，Web 3.0 将提供分散化和安全性。

Web 3.0 和区块链在其发展中的作用，出现了一个关于 Web 3.0 去中心化的问题。如果它是分散的，它应该有一些机制来提供网络内所需的安全级别，它将通过区块链实现。区块链将是新一代 Web 3.0 背后的基础技术和主要驱动力。

Web 3.0 网络将通过分布式协议来运行，它们将成为区块链和加密货币技术的基础模块，所有运营都将受到智能合约的监管，它将彻底改变人们和公司开展与管理业务的方式。

因此，Web 3.0 将是旧一代 Web 工具与 AI 和区块链等尖端技术相结合的自然结果。

比特币是区块链技术的最早实验者，比特币区块链目前仍然是使用最广泛的区块链之一，然而以太坊区块链更有可能推动 Web 3.0 的发展。

比特币是一种加密货币和价值存储，以太坊则是一个开源平台，一个分布式的计算系统，开发者可以在其中创建智能合约和 DApp。因此，以太坊区块链可以作为即将到来的由区块链驱动的分布式互联网的完美基础设施。

但是，以太坊面临着阻碍 Web 3.0 发展的多重挑战。以太坊网络的主要问题是关于速度和可扩展性的。

（1）由于缺少身份验证节点，速度太慢。例如，一个集中式应用程序每秒可以处理数千个事务，而以太坊每秒只处理 20 个事务。

（2）以太坊网络由 8 000 个节点保护。每个事务都必须由所有节点处理。只有这样，交易才会在区块链中注册和保存。如果网络试图处理企业级应用程序，将导致网络拥塞。

以上这两个问题是在网络可以作为 Web 3.0 的基础之前，必须克服的严重障碍。在以太坊试图解决这些问题的同时，其他加密货币项目，如 Cardano（卡尔达诺）和 Polkadot，也在致力于 Web 3.0 网络的开发。

Cardano 项目，由以太坊创始人之一查尔斯·霍斯金森（Charles Hoskinson）发起。由于与 Vitalik Buterin 和其他创始人的分歧，Charles 被要求离开该项目。短暂休息后，他启动了一个新项目，旨在解决以太坊面临的主要问题：网络可扩展性低。

Cardano 没有使用 PoW 机制，而是使用 Oroboros（一种修改后的 PoS）机制，它使 Cardano 网络更具可扩展性。除了高可扩展性，卡尔达诺还提供了与以太坊相比的另一个好处：互操作性强。基础设施使不同的区块链能够交互，也就是跨链。凭借这两个主要优势，Cardano 网络可以成为 Web 3.0 的可靠基础。

Polkadot 项目的创建者 Gavin Wood 也参与了以太坊的开发。他曾担任首席技术官，然后于 2016 年离开该项目。他创立了一家名为 Parity 的公司，并投入时间开发自己的项目：Polkadot。从一开始，Polkadot 网络就应该成为 Web 3.0 的基础。该网络应该解决以太坊和 Cardano 面临的主要挑战：区块链之间的互操作性和通信问题。

Polkadot 网络由三个主要部分组成。

（1）中继链。

（2）平行链。

（3）桥接器。

每个组件都执行特定的功能，中继链是项目的核心，它使网络安全，并使所有网络组件及其操作同步。中继链还提供网络治理系统，它允许 DOT 持有者投票。

平行链是相对独立的区块链，每个平行链都是为特定目的而构建的，它们通过中继链连接。

桥接器是平行链，其功能是将外部区块链连接到 Polkadot 网络。

这就是通过多链网络解决通信和互操作性问题的方式。然而，Polkadot 成功解决了另一个主要问题——可扩展性低。

平行链处理交易的速度很快，一个平行链每秒可以处理大约 1 000 笔交易。考虑到平行链的数量（现在有 100 个，未来会持续不断地增加），交易处理的速度令人印象深刻。

目前，很难说哪种技术将成为 Web 3.0 的基础。尽管 Polkadot 的目标是成为 Web 3.0 的基础设施，但很难预测这场比赛的确切结果。我们只能确定一件事：Web 3.0 即将到来，至少有一些加密项目的区块链将作为它的基础。

3.1.2　产品溯源与物联网

目前，集中式（或者中央）服务器正在为物联网行业提供动力。但说到长期解决方案，集中式系统是不够的。事实上，考虑到所有安全漏洞，任何类型的集中式服务器都不足以满足未来物联网设备的需要。

因此，如果物联网设备想要充分发挥其潜力，就必须一劳永逸地远离集中服务器。

物联网中的区块链将有助于建立每个人都想要的无信任连接和连通性，而不会出现任何问题。由于区块链和物联网中的所有节点都将在没有任何集中服务器的情况下运行，因此效率更高。

在物联网区块链的帮助下，许多制造商最终可以获得安全且负担得起的投资。在看到企业区块链如何改变物联网行业之前，先了解一下它可以在这个过程中，使用到哪些具体的功能。

1. 无信任连接

通过物联网中的区块链，任何一方都可以获得真正形式的无信任连接。通常，通过物联网中的区块链，设备将直接使用网络验证任何数据。此外，它可以使用智能合约自动化区块链和物联网平台内的任何流程。

在物联网系统的区块链中，不会有集中服务器或任何第三方提供商控制你的数据。

2. 自治网络

物联网中的区块链，实际上帮助智能设备监控自身并独立工作。此外，借助区块链的自执行逻辑，智能设备可以在区块链和物联网系统中操作任何类型的任务。

自治网络的前提条件是，制造商需要在为任何特定任务推出产品之前，指定逻辑。同时，制造商还可以为用户提供一个用户界面，方便用户更改逻辑参数。

实际上，物联网区块链可以轻松简化大量工作，并将直接摆脱中间商，而不会在物联网中产生任何区块链问题。

3. 成本友好

物联网区块链的另一个重要特征，是它呈现了成本友好型环境。通常，物联网的安全性使得关于安全技术的费用比其他设备的费用更昂贵，但在物联网中有了区块链，就不需要额外的安全网了。

区块链和物联网可以自行管理一切，而不会产生任何问题。事实上，服务提供商在物联网行业及支持设备中拥有垄断地位。但通过物联网中的区块链，普通消费者将更容易获得这项技术。此外，区块链和物联网系统不会出现任何损害成本问题。因此，它最终节省了很多钱。

物联网区块链，可以有效地解决供应链网络中产品可追溯性和透明度方面存在的一些问题。

（1）不一致性：供应网络中由各当事方处理的孤立数据源缺乏透明度，协调和处理不一致，耗时长且成本高昂。

（2）维护：手动、纸面流程可能会产生误导、效率低下且难以维护。

（3）污染：在没有一致的产品可追溯性信息的情况下，识别污染源可能会导致代价高昂的延误。

（4）审计：没有单一真实来源的不同数据源，可能导致困难、耗时的审计。

（5）质量：如果没有实时跟踪能力，企业将面临关于产品质量和及时响应问题的灵活性的风险。

区块链是一个篡改明显、可验证的单一真相来源，在所有参与企业中共享。每个参与者在分散的分类账中持有相同的数据副本。

将数据写入区块链会创建一个不可变的记录，其中没有单个实体拥有或控制该记录。

在许多行业场景中，区块链解决方案可能有助于提供供应链可追溯性和透明度。

- 零售和消费包装商品（CPG）业务：许多零售和 CPG 企业希望能够使用通用分类账将其供应商联系起来，以减少从装运到货架的泄露，并确保在召回事件中有完整、准确的历史记录。

- 银行、资本和贸易市场：银行和出口公司可以成立财团，在彼此之间进行金融资产的跨境转移（如信用证），而无须昂贵的中央机构作为联络人。

- 具有来源的制造和分销：区块链解决方案可以在现有工厂数据历史记录的基础上分层，以提高数据安全性和透明度。商品的"出处"是指商品的原产地，以及商品在供应和分销网络中的所有权、位置和其他重要信息的时间顺序记录。通过区块链，数据可以从多个系统存储到共享账本中，以准确跟踪产品的生产和分销沿袭。

- 汽车：共享区块链系统，使不可变的实时数据能够在复杂的入站和出站供应链中的汽车，以及各方之间安全地共享。这改善了汽车供应商、运输商和零售商之间的协调情况，以实时准确跟踪汽车零件状态和位置等指标。

许多企业使用类似分类账的功能构建应用程序，将信息存储在防篡改、分布式、基于共识的分类账中，这对于可能需要详细和准确跟踪的易腐、优先或高价值货物是非常必要的，因为它们希望维护其应用程序数据的准确历史记录。

想要真正实现更高程度的全流程数据上链，必须通过软硬结合的方式，在终端设备硬件底层部署可信数据上链能力，打通物联网+区块链的关键一环，从数据源头实现上链。可信的物联网终端设备，将能够与区块链共识信任机制一起有效降低安全风险，最终实现基于区块链共识信任机制的商业闭环。

3.1.3　工业互联网与数字工厂

工业互联网应用规模正在迅速扩大。工业互联网是制造业数字化转型的前沿技术应用，发展工业互联网已经成为各主要工业强国抢占制造业竞争制高点的共同选择。工业互联网技术主要应用在产品开发、生产管理、产品服务等环节。工业互联网的主要应用模式和场景可归纳为以下四类。

（1）智能产品开发与大规模个性化定制。

（2）智能化生产和管理。

（3）智能化售后服务。

（4）产业链协同。

在产品开发和服务环节应用工业互联网技术的企业，一般致力于开发智能产品，提供智能增值服务；在生产管理环节应用工业互联网技术的企业，一般主攻发展数字工厂、智能工厂。从调研情况看，我国在产品开发和服务环节应用工业互联网技术的企业，远远多于在生产管理环节应用工业互联网技术的企业。

工业互联网平台为制造业数字化转型提供了服务和支撑。工业互联网平台可以分为通用平台、行业平台、专业平台，它们都可以直接为用户提供服务，但更多的情况是：通用平台为行业平台提供服务，行业平台为专业平台提供服务，专业平台为用户提供服务。目前，我国已有一批工业互联网平台实现了规模化商用。

工业互联网企业级平台（数字工厂）为制造企业提供基于云端物联网平台的物联网、云技术和工业大数据的技术，为企业实现业务操作都由真实可靠的数字化的信息支持，构建了一套用数字化控制并管理资源、收集分析历史信息、基于数据分析结果进行业务决策和优化的技术和方法。

数字工厂将制造企业中的对象通过数字模型来表示，通过统一系统平台、统一门户入口、统一权限管理和统一的数据模型来集成制造企业从产品研发、生产、销售、物流到售后整个价值链过程中需要的所有应用。数字工厂为制造企业提供可持续性和可扩展性的信息系统，不但为制造企业提供供应链上下游的随时随地信息分享提供可行性方案，也为数字化的智能产品在售后和运维领域提供高效可靠的工具和方案，实现数据采集、状态感知与远程控制，提高产品的附加值，增加服务收入。

数字工厂是数字工厂运行管理的统一门户入口，汇聚整合各个业务应用的数据，具备如下功能：业务协同处理，提供产品制造全生命周期的业务系统处理，实现工厂事件的快速响应；综合监测，对数字工厂的事件和指标进行实时监控和可视化展示；分析决策，基于物联网数据进行分析挖掘，实现高效决策和反馈。

数字化工厂以物联网技术整合工业 4.0 的设计理念，集成包括 QR 码、传感器、RFID、NFC 芯片及机器人等技术，对企业内部的工厂制造资源、计划、流程等进行管控。数字化工厂与产品设计层有紧密关联，是设计意图的物化环节。通过系统集成，数字化工厂还与企业层和设备控制层实时交换数据，形成制造决策、执行和控制等信息流的闭环。

未来的数字化工厂首先是基于重新设计的生产流程、供应链管理流程、产品再设计，以及数据收集分析和决策系统的。数字化工厂需要形成一个标准，即自动化设备需要接入以下的生产体系。

第一，需要功能和应用场景丰富化，以满足生产需求；

第二，满足信息采集的需求，这里的信息包括产品信息和操作信息；

第三，要在实现标准化生产的同时（工序工艺的标准化，零部件的标准化）保留一定的生产柔性。

最后，自动化设备的使用界面友好、维修养护费用较低、调试简单等特性也会加快此类设备的普及。

3.2　当区块链遇到大数据

区块链对于大数据的意义在于其在未来可能会提高大数据的安全性。随着大数据时代的到来，越来越多的个人信息和敏感信息被放到了网络上，中心化数据库就像在狼群中的一块肉，随时会成为黑客们下手的对象。近年来的数据库泄露事件已屡见不鲜。

区块链在未来有可能会成为提升大数据安全机制的一个重要入口。通过区块链，可以保证不会由于单把私钥的泄露导致整个数据库的泄露。也不至于出现由于某个员工离职，想报复公司，而删除公司的整个数据库，导致出现客户数据严重受损、业务停顿等问题。区块链的最大价值之一是你不能以管理员身份随意改变信息，没有人能控制区块链。区块链在大数据方面的应用，就像一扇还没有被开启的大门，具有巨大的开发潜力和启发意义。

3.2.1　数字存证与法律维权

长期以来，合同签约作为商业贸易活动中的必要和高频环节，因需确保对于签约双方权益保障的司法效力，又囿于技术的限制，合同签约场景以纸质合同为主，成本居高不下。据统计，完成一份双方签署的纸质合同成本约为 25 元，除了成本高，还低效、费时，且易造假，难防伪，如"萝卜章"事件屡有发生。

电子合同的应用无疑将大大降低市场主体的签约成本，提升效率。但其合规安全性、司法认可性成为企业等签约主体最为关注的问题。区块链所兼备的分布式存储、点对点传输、信息防篡、密码算法等技术，使得利用该技术进行证据收集固定的手段，得到了最高人民法院的司法认可。

区块链具有时间戳特性和不可篡改特性，这两个特性就用于数据的存证，这是除加密货币（Crypto Currency）外，人们最容易想到的区块链应用。区块链存证的技术原理很简单，即在用户签名和发送交易前，用户将都对数据进行存证。如果数据量小，而且不用担心隐私问题，则可以直接存储正文；如果数据量大，则可以将计算该数据的哈希值附加到交易中，然后再进行签名广播。记账节点在验证了交易的合法性后，将该交易打包到区块中，并在区块中附加上时间戳信息。

目前主流的区块链都具有将数据附加到交易中的特性。以比特币为例，其支持在 Output 中使用 OP_RETURN 来存放数据，不过由于比特币网络比较拥堵，所以比特币网络接收 OP_RETURN 存放的数据很有限，最多存放 40 字节，后来又有版本调整，改成了 80 字节，总之是非常小，不过用于存放一个哈希值 32 字节还是足够了。以太坊是在交易中支持 Input Data 字段，如果以太坊交易的接收地址是外部地址，那么 Input Data 是用于存证的数据内容，而该数据内容就可以很长，可不受 80 字节的限制，可以是一整篇文章、公开信等。

使用区块链进行数据存证，可以得到以下几点共识。

（1）在存证所在区块的时间戳之前，该数据已经存在（区块的时间戳特性）；

（2）拿到数据的内容，可以判断该数据在存证后是否被更改（哈希函数的特性）；

（3）存证数据是由持有某私钥的人存证的，该人不可抵赖，别人也不可冒充（区块链的不可篡改和数字签名的特性）。

虽然区块链存证具有以上的优势，但是比特币、以太坊等毕竟不是为数据存证而设计的链，所以在存证上只有一个字段，对索引、扩展、引用的支持都没有，需要第三方应用来实现。

如何保证一个数据从诞生之日起没有被篡改？这看似是一个无关紧要的问题，但其实关系到整个人类文明的维系。保存数据并防止篡改，这就是存证。从文化传承，到司法，到民生，到金融，每个领域都需要存证。

以往是如何存证的？有将纸质材料严密保存的档案馆，有多重备份的数据中心，但它们的维护成本都非常高。更大的缺陷是，一个外人无法独立验证数据有没有被篡改过，只能依赖对存证机构的信任。

存证恰好也是数字化货币的底层，因为合法的数字化货币要求每笔交易都如实而永久地存证，银行、支付宝都是如此。低成本、快速验证、全球化等特性，恰好让中本聪发明的存证系统自带一套全球现金系统，这就是比特币。

3.2.2　数据加密与数据安全、数据共享

随着数据的海量增长和数据潜在价值的不断提升，数据已经成为最重要的资产。同时由于生成数据的速度快、数据有多样性和数据多，实现大数据面临多重挑战。

- 数据处理效率：即使有了现代技术的进步，所生成的数据量也呈指数级增长，而且处理量非常大。因此，从数据中获取重要见解变得具有挑战性。

- 安全和欺诈检测：由于清理数据是一项劳动密集型任务，因此，数据分析人员容易遗漏一些安全问题。

- 大数据完整性：数据是从互联网上的所有设备获得的，因此，数据的完整性也是值得怀疑的。

- 集中式数据管理：AWS、Google、阿里云及腾讯云等集中式云提供商负责存储大数据，这些大数据是集中式实体。如果公司关闭或出现故障，那么所有数据都将丢失。

另外，数据拥有者出于数据安全保密的顾虑而不愿共享数据，使得不同企业机构之间难以利用对方的数据进行联合分析或建模。那么如何平衡大数据共享与隐私保护，打破数据烟囱与信息孤岛，挖掘数据的真正价值？区块链和大数据的集成有可能提供令人兴奋的机会，并解决大数据面临的一些最大挑战。

1. 通过增强数据完整性来确保信任

区块链通过维护分布式和分散式分类账来确保信任。区块链上记录的任何数据都必须通过共识机制由参与网络的其他节点进行审查和批准。此外，区块链是一个透明的分类账，任何授权节点都可以读取或写数据在区块链上，提高数据质量，因为所有节点都可以对任何恶意交易负责。

在收集和处理存储在区块链上的大数据时，企业还可以确定数据的来源并验证数据来自受信任的源。区块链提供了一个无缝的方式进行完整性检查和审计跟踪，因为它通过链接链确定数据。

2. 区块链增强大数据的安全性

区块链与大数据相关的最显著收益与数据的安全性有关。区块链是一个分散的分类账，这意味着存储在区块链上的数据不受任何中央权威的控制，而是参与网络的节点。此外，一旦一个区块被附加到链条上，未经网络批准，它就不能更改。

例如，在金融部门，大数据无法解决与欺诈相关的案件，因为它依靠历史数据来预测未来的案件。通过区块链，金融机构可以实时跟踪、评估风险并识别欺诈活动，并在发生之前阻止欺诈活动。

3. 高效的数据共享和数据访问

区块链可以通过简化数据访问和共享流程为大数据与分析提供动力。由于区块链提供了一个分布式平台，各个组织和部门都可以成为区块链的一部分，在那里它们可以访问相关数据并参与数据分析。这使得数据访问和分析过程无缝高效。

通过将数据存储在区块链上，节点还可以根据区块链的类型创建不同的访问级别。例如，在已授权或混合区块链节点下创建多个授权签名以限制对数据的访问。因此，任何关键数据或分析报告都与授权和信任的节点共享。

此外，存储在区块链上的大数据是不变的，并且与历史数据相关联。因此，小型组织不必购买大量数据进行分析，它们可以在区块链上完成此任务。

3.2.3 集中与分布式数据库二分天下

虽然区块链在加密货币以外的行业仍处于起步阶段，但它对大数据处理和分析方式的影响已经显现出来。区块链为集中式大数据挑战提供了可行的解决方案。通过增强安全性、提高数据质量和实时分析能力，区块链有可能从根本上改变大数据的处理和分析方式。

与其他类型的数据一样，区块链数据也可以被分析，以揭示有价值的见解。因此，由于区块链是一个不可改变的链接分类账，所以企业可以使用存储在区块链上的大数据，以极高的准确度预测未来的业务决策或流程。通过区块链，需要大规模实时数据分析的企业可以持续观察数据的变化，并做出快速、高效的决策。

由于区块链在每次交易后都会更新，所以围绕访问数据并实时处理数据，出现了一个全新的领域。区块链和大数据之间的集成可以帮助公司实现实时分析，使其更加可靠。

虽然大数据不是一项新技术，但相对较新的区块链已经证明，它将继续存在。这两种技术之间的集成将彻底改变组织使用大数据的方式。

在未来几年中，我们可能会看到大数据分析与区块链之间合作的进一步发展和更具体的应用案例。通过实时数据收集，可以看到区块链-大数据生态系统的应用将很有趣。

3.3　当区块链遇到人工智能

人工智能和区块链可以说是技术领域的两个极端方面，一个是在封闭的数据平台上的中心化智能，另一个是在开放数据环境下的去中心化应用。两种技术的目前问题比较突出，人工智能领域的算力矛盾日渐突出，区块链又在能源消耗、可扩展性、安全性、隐私性和硬件等方面有其自身的局限。将人工智能集成到区块链中，可以解决区块链的效率和智能化问题；区块链也可以为人工智能奠定可信、可靠、可用和高效的数据基础。这两种技术都能够以不同的形式对数据进行影响和实施，可以将数据的利用提升到新的水平。

3.3.1　智能合约与数字化交易

智能合约是一套以数字形式定义的承诺，承诺控制着数字资产并包含了合约参与者约定的权利和义务，由计算机系统自动执行。

智能合约程序不只是一个可以自动执行的计算机程序，它本身就是一个系统参与者，对接收到的信息进行回应，可以接收和储存价值，也可以向外发送信息和价值。这个程序就像一个可以被信任的人，可以临时保管资产，总是按照事先的规则执行操作。

智能合约的工作理论迟迟没有实现，一个重要原因是缺乏能够支持可编程合约的数字系统和技术。区块链的出现解决了该问题，不仅可以支持可编程合约，而且具有去中心化、不可篡改、过程透明可追踪等优点，天然适合于智能合约。因此，也可以说，智能合约是区块链的特性之一。

区块链的特性是：数据无法删除、修改，只能新增，保证了历史的可追溯，同时作恶的成本将很高，因为其作恶行为将被永远记录，这些避免了中心化因素的影响。而像淘宝那套支付担保系统，依然是中心化的，合约是否公正或正常执行，也全靠中心来决定。如果中心要作恶，我们依然没有办法。而基于区块链的智能合约不仅可以发挥智能合约在成本效率方面的优势，而且可以避免恶意行为对合约正常执行的干扰。将智能合约以数字化的形式写入区块链中，由区块链的特性保障存储、读取、执行整个过程透明可跟踪、不可篡改。同时，由区块链自带的共识算法构建出一套状态机系统，使智能合约能够高效地运行。

智能合约能应用的场景将非常广泛，如房租租赁、差价合约、代币系统、储蓄钱包、作物保险、金融借贷、设立遗嘱、证券登记清算、博彩发行等。

随着区块链的到来，智能合约与区块链的结合可能会让人类社会结构产生重大变革。智能合约解决了传统合约中的信任问题，大幅降低了信任成本。虽然智能合约还有一些问题，但随着技术的不断发展，必然会走向一个好的发展之路。

智能合约最早出现在 1994 年，是一名计算机科学家、密码学家尼克·萨博首次提出的概念，而在那一阶段，区块链并没有出现。最早的"智能合约"被定义为"以数字形式指定的一系列承诺，包括各方履行这些承诺的协议"。

通过以上这个概念的解析，可以把握到两个关键词，一个是数字形式，另一个是协议。也就是说，一个完整的智能合约，是建立在这两个条件的基础上的。

伴随区块链的发展，智能合约重新回归到人们的视线中，但是，在数字资产发展的早期，并没有合理运用智能合约。一直到以太坊的诞生，才标志着智能合约时代的来临，也就是人们常说的"区块链2.0"。

从目前的市场来看，以太坊的智能合约运用得非常广泛，也以不同的形式走进了人们的生活。

智能合约与传统合约有什么区别呢？

第一，智能合约是数字化合同，整个交易过程是由数字代码来完成的，并是在一个完全"去中心化"的系统上自动履行的，这确保了交易的安全。

第二，智能合约是自动生成交易的，这个过程其实也是约束用户的行为，防止违约的情况发生。在满足交易条件后，都会自动进行这个交易过程。尤其是现在互联网上的交易，都是面向陌生人的，容易出现被骗的情况，但是，在区块链系统中，采用智能合约就能解决当前的信任危机。

那智能合约是怎样自动执行的呢？这个问题很好理解，其实就是通过数字代码来执行的。智能合约是一种协议式的交易，每笔交易会存储在区块链系统的分布式账本中，也是完全公开透明的，只要满足了交易条件，就会自动发出交易指令，以此来完成这个交易。

通过现实中的以太坊，可以看出智能合约的应用极具市场价值。现在，还有不少的学者正在研究智能合约更广泛的商业应用价值。不管将来智能合约会发生怎样的改变，至少现在这项技术有了质的飞跃。

所有的智能合约，不管它们会应用于怎样的领域，都涉及代码。这些代码可能并不总是按照预期执行。这样就造成信息被延误或中断，正在传输的数据被损坏。此外，私人加密密钥可能会遭到黑客入侵。必须考虑这些事件所带来的责任影响。

3.3.2　物联网硬件设备更加安全、可扩展

智能硬件连接人员、地点和产品，因此，它提供了创造价值和捕获价值的机会。精密的芯片、传感器和执行器嵌入物理硬件中，每个单一的智能硬件都向物联网网络传输数据。物联网的分析能力使用这些数据将系统决策转化为行动，影响业务流程并形成全新的工作方式。然而，仍然存在尚未解决的一些技术和安全问题。

智能硬件的安全性是阻碍其大规模部署的主要问题，物联网设备经常有安全漏洞，使其很容易成为分布式拒绝服务（DDoS）攻击的目标。在 DDoS 攻击中，多个受损的计算机系统会用大量同时的数据请求轰炸中央服务器等

目标，从而导致目标系统用户拒绝提供服务。近年来，许多 DDoS 攻击给组织和个人造成了破坏。不安全的物联网设备为网络罪犯提供了一个容易的目标，他们利用薄弱的安全保护来发动 DDoS 攻击。

当前物联网智能硬件的另一个问题是可扩展性问题。随着通过物联网网络连接的设备数量的增加，当前用于验证、授权和连接网络中不同节点的集中系统将成为瓶颈项。这将需要对能够处理大量信息交换的服务器进行巨额投资，如果服务器不可用，则整个网络可能会被关闭。

Gartner 曾预测，2016—2021 年，物联网终端将以 32%的复合年增长率增长，达到 251 亿台的安装基数。由于物联网设备有望在未来几年成为人们日常生活不可或缺的一部分，因此组织必须投资以应对上述安全性和可扩展性挑战。

区块链或分布式分类账技术，可以帮助解决一些物联网安全性和可扩展性的挑战。区块链因其独特的功能和优势而成为"信息游戏规则的改变者"。区块链系统的核心是分布式数字分类账，由系统参与者共享，该分类账位于互联网上：交易或事件在分类账中经过验证和记录，随后无法被修改或删除。区块链为用户群记录和共享信息提供了一种方式。在这个社区中，选定的成员保留其分类账副本，并且必须通过协商一致程序集体验证任何新交易，然后才能接受分类账。

区块链可通过以下方式帮助缓解与物联网相关的安全性和可扩展性问题。

- 区块链系统中的分布式分类账是防篡改的，这消除了相关方之间的信任需要。没有一个组织能够控制物联网设备生成的海量数据。
- 使用区块链存储物联网数据将增加黑客需要绕过的另一层安全性，以便访问网络。区块链提供了更强健的加密级别，几乎不可能覆盖现有数据记录。
- 区块链通过允许任何有权访问网络的人跟踪过去发生的交易来提供透明度。这可以提供一个可靠的方法来识别任何数据泄露的特定来源，并采取快速补救措施。

- 区块链可以快速处理交易和数十亿个联网设备之间的协调。随着互联设备数量的增加，分布式分类账技术提供了一个可行的解决方案，以支持处理大量交易。

- 通过提供一种在利益相关者之间建立信任的方法，区块链可以使物联网公司通过消除与物联网网关相关的处理费用（如传统协议、硬件或通信间接费用）来降低成本。

智能合约是存储在区块链中的双方之间的协议，可以进一步允许利益相关者根据所履行的某些标准执行合约安排。例如，智能合约可以在服务条件得到满足时自动授权付款，而无须人工干预。

传感器和智能芯片背后的技术正在迅速发展，使其越来越便携，并适用于与区块链分类账的实时交互。区块链和物联网的结合具有在设备之间创建服务市场的广泛潜力，并让公司有机会从收集的数据中创造价值。越来越多的新兴区块链协议、合作伙伴和物联网设备提供商的出现已经表明，物联网行业非常适合区块链。

在将物联网设备架构与区块链分类账一起设计时，需要考虑三大挑战。

- 可扩展性。物联网仍然面临的主要困难之一是规模问题——如何处理大型传感器网络收集的海量数据，以及交易处理速度或延迟可能降低的问题。事先定义一个清晰的数据模型可以节省时间，防止在将解决方案投入生产时遇到困难。

- 网络隐私和交易保密性。在物联网设备网络共享分类账中，交易历史记录的隐私在公共区块链上是不容易授予的。这是因为交易模式分析可以应用于对公共密钥背后的用户或设备的身份进行推断。组织应调查其隐私要求，看混合区块链或私有区块链是否更适合其要求。

- 传感器。物联网传感器的可靠性可能会因干扰正确测量执行交易所需的标准而受到损害。确保物联网设备的完整性，以便外部干预不能改变这些设备，是确保数据记录和交易安全环境的关键。

总之，区块链和物联网都是具有巨大潜力的新兴技术，但由于技术和安全问题，它们仍然缺乏广泛的采用。市场上的几家公司已经在研究结合这两种技术的案例，因为它们共同提供了一种将安全性和伴随的商业风险降至最低的方法。

3.3.3　机器之间可交易

互联网改变了人们交换信息和彼此交流的方式，也改变了人们与机器交流的方式。互联网还使一个全新的生态系统得以蓬勃发展，其中包括使家电、汽车、工业机械和配备智能传感器、执行器、内存模块和处理器的基础设施等物理对象能够进行交换，这就是实时跨系统和跨网络的信息物联网平台。预计到 2025 年，物联网设备将达到 386 亿台，而到 2030 年，物联网的全球市场年收入将达到 1.5 万亿美元。麦肯锡全球研究所的一份报告显示，到 2025 年，物联网有可能每年产生 2.7 万亿～6.2 万亿美元的经济影响。

物联网设备的处理能力及其产生的大量数据具有很大的价值。例如，一个在家里安装了净水器的人，不再需要担心净化过程的复杂和一步一步的监控问题。根据注入水的硬度，微处理器安装的净化器可以安排净化周期，并让水被处理到指定的硬度水平。同样的设备还可以配备传感器，以评估净化盒的残留质量，并能够向服务中心发送警报，请求更换。

物联网设备生成的数据可以帮助评估消费行为和使用模式，还可以为宏观层面的任务提供信息，如城市规划和评估整个地区水的质量和需求。此外，设备所有者可以自愿出售选定的数据点，以获得金钱回报。

除设备的这些基本工作和由已安装的设备组成的网络中的自动通信外，许多区块链项目，都是利用安装在物联网设备中的处理器和内存模块用于加密货币的挖掘及事务身份验证活动的，如 IOTA、HNT 和 IOTX 试图为它们的区块链项目利用能量和资源，否则大部分时间都处于闲置状态。

机器之间可交易，也就是 M2M，即机器对机器的经济，是指智能、自主、网络化和经济独立的机器或设备作为参与者，进行必要的生产和分配活动，而很少或根本不进行人为干预，这种不断演变的生态系统将在越来越多的物联网设备之间产生。这意味着机器可以在不需要人类交互的情况下进行交流和共享信息。一些耗时或枯燥的过程可以被自动化，让人们可以自由地进行更有用或更愉快的活动。

M2M 经济是理解物联网和基于区块链的平台发展的一个重要概念，它描述了连接到互联网和彼此的数十亿个设备和机器之间的交互作用。这些物理对象集成了计算能力，使它们能够捕获周围世界的数据，并与其他连接的设备共享这些数据，从而创建了一个由"事物"或系统组成的智能网络。虽然还处于起步阶段，但业内专家预测，M2M 经济将在未来数年和几十年内成为一项万亿美元的追求。

汽车外表看起来可能与几十年前相似，但由于它们的计算、通信和存储能力，汽车内部发生了一场戏剧性的革命。随着电动汽车的出现，人工智能和生态技术发现了最佳的协同作用。一些运输问题可能会得到解决，如事故、排放和拥堵等问题，除信息娱乐等增值服务外，还可以建立 M2M 经济的基础。在智能技术正在融入日常生活的世界里，软件和算法扮演着重要的角色。软件最近几乎被引入市场上的每种技术产品中，从电话到电视机到汽车甚至住房。人工智能是这种普遍存在的算法的后果之一。软件的作用正在成为主导作用，而技术，有时是普遍存在的。隐私和安全等关键问题需要被高度关注，并已在一定程度上得到了详细探讨。然而，智能代理和行为者往往被认为是克服人类错误倾向的完美实体。情况可能并不总是如此，我们主张声誉的概念也适用于人工智能代理，特别是在电动汽车上。

M2M 的技术无处不在，它就在我们的家里，在上班的路上，在我们购物、锻炼和娱乐的方式上。

通勤：如果你的火车车次因为天气不好而取消了，一个智能闹钟会决定你需要多花多少时间走一条不同的路线，并且足够早地叫醒你，这样你就不会上班迟到了。

智能家居：当室温低于某一点时，连接的恒温器可以自动打开加热装置。你也可能有一个远程锁定系统，如果你不在家，你可以通过你的智能手机向访客开门。

健康：可穿戴设备可以跟踪你在一天中采取的步骤，监控你的心跳，计算卡路里以确定饮食模式，并计算出你是否缺少重要的营养。

购物：根据你的地理位置、以前的购物经历和个人喜好，你所在的超市可以为你在当地买你最喜欢的杂货时提供一张代金券。

M2M 也为企业带来了可观的好处。连接的设备收集每个业务点的信息：从产品开发、制造、供应链一直到销售点，这些信息可以用来识别和消除低效点，以下是一些例子。

智能资产跟踪：嵌入式传感器和 GPS 功能跟踪你的资产，一队相互连接的送货卡车可以分享它们的位置、货物和维修状况。

预测维护：设备上的传感器检测故障，订购更换部件，并在设备发生故障之前安排维修，防止成本昂贵的停机时间。

产品开发：有了 M2M 技术，产品开发可以超越销售点问题。一个连接的产品可以反馈有关其维修状态的信息，以及它如何对持续的使用做出反应，找出优势和弱点，以帮助影响未来的生产。

自适应交通管理：连接的汽车可以感觉到它们在道路上的位置，了解障碍物或其他车辆附近的情况，甚至可以与其他车辆和交通管理小组分享关于可用停车位的数据。放置在每个停车位上的传感器节点可以通过云端将数据发送到司机车中的实时应用程序中，让司机知道在哪里找到可用的空间——缓解拥堵，并节省时间和燃料。

互联的天气洞察力：个人气象站网络是 IBM 天气公司解决方案的一部分，为全世界数百万人提供超本地预报。多个传感器检测气压、温度、风速、湿度，以帮助政府和社区在为时已晚之前预测和应对天气状况的发展。

建筑物互联：智能建筑收集信息，如建筑物中最常被占用的部分，有助于确定在哪些地方可以减少能源使用（如照明和供暖），而不会对建筑物的占用人造成不利影响。

机器更为人性化：机器将变得越来越复杂，将成为自主市场参与者，并将成为未来的金融参与者。机器有自己的权利，有自己的银行、账户和支付系统。这些机器，会让人们有更多的自由时间，做自己热爱的事情。

服务而非资产：企业将不再直接购买机器，而是选择使用类似"优步"或"滴滴"的服务平台，把自我管理资产通过分布式生态系统共享，形成全新的服务模式，采用机器订阅模式和实时租赁将越来越流行。

M2M 经济有望为人们、企业和更广泛的经济带来巨大利益：

- 自动化普及和任务简单化，将使人们有时间去做对他们更为重要的事情；
- 新的商业模式将出现，如"机器即服务"，减少企业拥有、维护和管理资产的需要，并减少资产报废的风险；
- 随着机器利用率的提高和单位成本的下降，共享机器将带来更便宜的产品和服务；
- 无须直接购买机器将降低许多行业的进入壁垒，使新一代企业家能够参与经济活动；
- 更好地利用机器意味着制造它们所需的有限资源的浪费更少；
- 随着新商业模式和市场的出现，将创造新的就业机会和行业。

智能机器的范围从将周围世界的数据数字化的简单传感器到复杂的机器人。不同的机器会有不同的能力。有些智能机器将能够移动，而有些将被固定；有些将收集数据，而有些则需要访问数据才能运行；有些智能机器将可以访问电网，而其他将使用电池运行并需要充电。无论智能机器的形式如何，它们都需要相互交换服务，并与人类交换服务。这将为货币化带来新的机会。例如：

- 租用机器并自行操作；

- 需要维修、保养和检查服务;

- 报废/回收资产;

- 资本即服务(嵌入式金融和保险);

- 能源即服务(使任何机器都能充电);

- 带宽即服务(上传/下载大量数据);

- 存储和计算即服务(处理来自传感器的大量数据)。

在这个新经济中,货币化的机会仅受人们自己的创造力的限制。

第 4 章

区块链重构数字化转型的逻辑

4.1　服务模式转型的趋势

数字化正在改变工作场所里信息技术的界限，工作与个人生活之间的界限正在变得模糊，企业不断面临压力，需要通过为员工提供他们在个人生活中享受的相同水平的技术灵活性来展示信息技术的灵活性。

员工变得越来越精通技术，企业开始部署如"自带设备"之类的举措，以解决员工对企业自有设备的不满问题。这种转变也代表了从基于产品的模型向更加基于服务的模型的转变，为企业 IT 支持团队带来了新的挑战。现在，企业必须提升能力来处理它们选择实施的各种技术，同时仍然保持用户期望的客户服务水平。

以上这些正在促使企业向员工提供支持的方式发生转变，然而，这也带来了独特的挑战：如何在日益复杂的 IT 环境中提供出色的用户体验，使人们可以随时随地在任何设备上工作；企业需要考虑关键因素，以确保技术服务能够满足对客户和员工的需求。

4.1.1　数据智能化

数据情报是对各种形式的数据进行分析，使企业能够利用这些数据来扩大其服务或投资。数据智能还可以指企业利用内部数据分析自己的业务或员工，以便在未来做出更好的决策。业务绩效、数据挖掘、在线分析和事件处理都是企业为数据智能所收集和使用的数据类型。

数据智能的重点是用于未来努力，如投资。数据智能是理解业务流程和与该流程相关的数据的过程。数据智能包括组织（而不仅是收集）数据，使其对业务实践有用和适用。

数据智能的一种类型是根据社交媒体、电子商务和商业记录的类型，从客户那里收集在线数据。企业使用这些数据来确保客户会感到满意，并不断向他们提供服务。

出现隐私问题有时可能是收集数据情报的结果。客户不希望他们所支持的企业窃取他们的个人在线习惯信息，也不希望企业从社交网站上获得有关他们的个人信息。

数据智能是从数据中提取出价值和洞察力。数据智能推动创新。核心应用程序中的数据从业务流程到服务、产品、客户、订单、材料、发票等都具有巨大的价值。核心应用程序中的数据还可以包括数据流、视频、媒体，并通过来自其他应用程序的数据、边缘数据、购买数据、外部数据进行增强服务。数据智能是应用技术从结构化，非结构化，流化，内部、外部数据和信息中提取价值，以推动数据创新。用于数据智能的技术包括数据编制清理、关联、准备和整合多方面的数据；机器学习打开隐藏的洞察力和新的发现；元数据管理和数据编目了解数据及其潜在价值。

启用业务主导的数据智能，分五个步骤。

（1）定义支持业务数据和分析的组织结构：定义并实现数据和分析的组织模型，使企业和业务领域的结果能够通过有效的、基于信任的数据和治理来实现。

（2）界定受影响的业务领域并确定其优先次序：如有大的变化，则最好从有针对性的用例开始。例如，从小而有影响的用例开始，积累经验并扩展。

（3）启用智能数据目录：定义并管理可以度量和货币化的以业务为中

心的数据集。这将使下一代预测分析在推动业务成果方面具有重要意义和
价值。

（4）制定变革管理战略、沟通计划和培训计划：不要低估数据智能变化
对组织的影响。要完成从技术到业务的转变，不应该随随便便：你需要一个
影响分析和变更管理计划。成功需要赢得组织的人心，包括提供使利益相关
者成功的技能和工具；上升技能和交叉技能。角色、责任和责任将被重新定
义。需要评估利益相关者的智慧，找出差距，并提供再培训机会。在过渡期
间和以后的交流是必不可少的，这将需要根据组织内的特定受众量身定做。
随着数据民主化，数据素养是必不可少的。如果业务人员将获得比以往任何
时候都多的数据，他们需要理解它的能力。

（5）确定战略业务成果的主要业绩指标：为战略业务领域的结果定义可
量化的 KPI，并将其直接连接到支持它们的数据和分析资产上。在组织中向
此功能过渡，首先是策略和治理的混合。利用数据战略和数据治理框架作为
模型，将确保数据和分析能力成为组织数字转换计划的一部分。

数据智能是一种全面的数据管理解决方案，它连接、发现、丰富和编排
脱节的数据资产，使之成为企业规模上可操作的业务洞察力。它支持从异构
企业数据创建数据仓库，管理物联网数据流，并促进可伸缩的机器学习。数
据智能使业务应用程序能够交付智能企业，并提供一种整体、统一的方法来
管理、集成和处理企业数据。

4.1.2　资源配置优化

区块链作为点对点加密货币交换平台被引入世界已经十年了，目前除了
比较成熟的在金融行业的应用，已经扩展到许多行业。区块链也被视为解决
所有组织问题的灵丹妙药。事实上，目前企业在使用的 ERP 和 DBMS 系
统，还是具有区块链系统尚未提供的优势的。但大型企业集团为了减少局限
性并实现组织目标，总是在接受和试验新兴技术方面茁壮成长，而区块链目
前在此类企业的技术应用中排名第一。

这些试验导致了区块链的创新，并产生了 Hyperledger 和 Hedera Hashgraph。这两种区块链创新是特别针对企业解决方案的，但区块链技术的潜在好处仍然相同，即拥有不可变和透明的数据。那么通过应用区块链系统，企业可以从解决它们可能面临或正在面临的问题中受益，同时降低了哪些成本呢？

1. 降低人工成本

对于大型企业或制造企业来说，最显著的成本之一就是人工成本。在一些组织中，它占总业务成本的 70%。劳动力成本包括员工工资和薪金、福利、工资或其他与税收相关的费用。而在管理这些方面时，人力资源部几乎没有提供他们 15%～20%的时间，从而导致产生更多的加班费。高昂的加班费可能对员工有利，因为根据国家/地区的劳动和工资支付法，加班时他们每小时的工资翻倍，但它使企业付出了额外的业务成本，而部门任务的完成没有太大改善。一个企业的目标是按照规定的时间来实现的，当员工加班时，它并没有太多反映企业的绩效。通过更清楚地了解加班成本，可以减轻人力资源主管的负担并降低业务成本。这种可见性可以通过基于区块链的系统或区块链集成来实现。

此外，区块链系统将易于访问，并且可以轻松检索有助于分析的数据。通过准确衡量公司的哪个部门造成了过多的加班成本，可以采取正确的行动来降低业务成本。

2. 减少过度协作

简单来说，过度协作意味着单个员工或团队承担多项责任。员工是为特定的工作概况而聘用的，但有时该员工或团队拥有的知识多样性及公司的需求会导致过度协作或承担责任。这种过度协作会导致员工对工作产生倦怠之感。乍一看，出现员工倦怠是员工的原因，但仔细一看，公司无心的过度协作导致了这一点。而且，这种过度协作和员工倦怠会影响员工或团队的绩效，并进一步反映在公司的绩效中。此外，公司通过数字生产力工具高估了员工的工作量，而没有交叉验证员工或团队的实际结果和期望。

通过重新定义组织结构和分析员工任务日志，可以解决员工倦怠和过度协作的问题。透明且提供不可变数据的区块链系统可以轻松实现此解决方案。通过实施基于超级账本的区块链系统，所有节点都是可识别的。节点的识别是必要的，因为这些节点作为决策者工作，而过多的决策者会导致不必要的组织复杂性，减慢每个行动的速度。通过识别，可以减少这些节点，通过区块链开发可以看到复杂度的降低。

3. 降低代理成本

代理成本产生于代理问题，代理问题是利益相关者与公司管理层之间的利益冲突。公司利益相关者旨在从他们的投资中获利，公司管理层由董事会组成，旨在促进公司的发展。当这个问题出现时，代理成本是不可避免的，必须支付。利益相关者聘请的经理担任代理人，避免影响利益相关者的利润利益，并有利于公司的管理决策，以促进公司的业务增长。此外，由于缺乏透明度导致行业中的不良做法，公司决策中的操纵行为经常发生。

区块链开发为内部交易目的提供智能合约。

通过启用基于区块链的决策系统，甚至可以实现公司管理层和利益相关者代表的匿名。即使匿名不是优先事项，数据的透明度和不变性不仅有助于保证利益相关者的利益，还可以增加对公司的信任。此外，共识过程在每个级别都提供了更好的决策。

4. 降低内部供应管理成本

跨国公司包含更多的产品和服务，它们通过很多内部交易来支持其他部门或子公司。第三方在执行交易确认、对账、现金管理、资产优化等任务时要求，将成本作为公司账簿中的运营管理成本。此时法律成本无法避免，但其他供应链成本可以随着区块链的发展而降低。此外，区块链开发为内部交易目的提供了一层私有渠道，也称为智能合约。

区块链尚未发展到更适合大型组织，但大型组织在推动区块链项目的道路上遥遥领先，这将使整个行业受益。上述降低业务成本和实现工作场所高效率的原因也可以通过其他解决方案获得，例如内部自动化、裁员和外包，但这些资源的整合再次给业务带来成本。

区块链确实能帮助人们节省成本，提高效率，但它至今的发展还未成熟。此外，虽然区块链的本身运营需要成本，存在着高能耗、区块容量不足及运行速度等方面的问题，底层技术还需要不断改进，但是区块链将给人们的生活和社会带来极大的效率提升，这一点毋庸置疑。

4.1.3 重新定义数据智能的规则

随着数据和服务类型的不断增长，数据驱动服务的概念将继续发展，这将导致未来以数据智能驱动的网络规模扩大和性能需求增加，这使定义数据智能的规则，将面临以下挑战。

（1）隐私。以数据驱动为主的服务，对用户数据的分析有利于支持个性化应用。随着互联网服务提供商和数据挖掘企业在未来的数据驱动网络中收集和存储的数据种类越来越多，如何在提供智能服务的同时保护用户隐私成为一个巨大的挑战。

（2）安全性。由于有多种形式的恶意攻击，如去匿名化攻击、嗅探攻击、分布式拒绝服务攻击（DDoS）和域名系统（DNS）攻击，所以在未来的数据驱动网络中，关于数据资源和格式的多样性和复杂性，以及各自的传输、存储和分析需求的问题，将安全问题提升到新的高度，带来新的挑战。

（3）认证。对于具有多个服务提供商、基础设施和用户的数字数据网络（DDN），认证对于相互识别和数据保密非常重要。然而，身份验证仍然存在一些问题。目前，计算机系统中最广泛使用的用户认证形式是密码，它容易有密码泄露，以及密码破解和社会工程攻击问题。此外，对互联网用户的传统威胁包括消息重放、对可能受到威胁的可信第三方的依赖及中间人攻击。所有这些威胁都会阻止合法用户成功通过身份验证或允许非法用户通过身份验证。

如果通过数据智能驱动网络，则需要在网络中进行海量数据的存储和处理，与 Oracle、MySQL 等代表性数据库技术相比，区块链具有明显的优势。区块链作为分布式账本，可以有效避免授权管理员造成的数据泄露和单点故障，同时其匿名性可以在一定程度上保护数据所有者的隐私。区块链只保留数据读取和添加两个数据库操作，添加数据的过程必须经过共识协议的验证，保证了整个数据库的透明性和完整性。因此，将区块链应用于未来以数据智能驱动的网络，可以统一解决上述在隐私、安全、认证等方面的挑战。具体来说，区块链提供了一种很有前景的解决方案，同时带来以下几个潜在好处。

（1）安全和隐私。第一，区块链节点是去中心化的，支持网络稳固性。即使网络中的某些节点受到各种攻击，其他节点也能正常工作，数据不会丢失。与现有的集中式和分布式数据系统相比，区块链的去中心化的这一特性提升了整体网络的稳健性。第二，可以利用区块链的透明性，使网络中的数据流向用户完全开放。这为用户的个人数据使用提供了可追溯性，从而告知用户他们的数据是如何使用的。第三，区块链中数据的不变性增加了网络中活动的可靠性，增强了用户和服务提供者之间的相互信任。第四，区块链的化名帮助网络用户隐藏他们的真实身份以保护隐私。

（2）数据和模型共享。为支持海量数据和应用请求，可以安全有效的方式共享数据和信息。在未来的数据智能驱动网络中应用区块链可以保护网络数据不被篡改，有效保护网络用户的隐私。此外，区块链在数据共享方面更加透明和安全。通过更好地保护用户数据的隐私和用户应用的安全，数据智能驱动网络可以提供更好的个性化服务和更多的附加价值。

（3）可信度和恶意操作溯源。借助区块链不可篡改和分布式的优势，数据智能驱动网络可以增加网络的可信度。恶意操作和虚假消息可以被所有可以访问保存在区块链中的交易记录的参与者追溯到。基于云的服务可以存储服务提供者的信用价值信息，使用户和服务提供者都能正确地验证运营的合法性。

（4）增强的去中心化解决方案。区块链作为分布式交易账本，非常适合点对点交互和去中心化智能服务，如基于联邦学习的应用。只要系统的节点运行兼容的共识机制或协议，它们就可以访问交易记录，而不能在不被注意的情况下更改任何记录。因此，与当前的分布式解决方案相比，它可以为大规模网络部署中独立节点之间的数据共享和协作提供一种更安全、更方便的方法。

数据驱动应用的迅速发展和广泛应用，为重塑互联网体系结构、操作和优化解决方案带来了良好的机遇，这要归功于新兴的数据分析能力，这些能力可以揭示隐藏在海量数据中的知识和统计模式。数据驱动可能成为未来计算机网络的一些最重要的功能，特别是能够有效地处理飞速增长的用户流量，同时利用网络内部产生和消化的大量数据来提高网络管理、资源分配和安全控制的效率。

4.1.4　重新定义生态体系

许多科技公司使用 Cookie 和设备跟踪技术来跟踪在线活动，并推断如偏好之类的信息。然后，它们不仅利用这些改进自己的服务，而且还发送通知和有针对性的广告。作为平台，它们获取数据活动的独特方面，以及数据和分析的积累，产生了深刻的网络效应。每个平台对于共享多少数据和控制多少消费者也有自己的方法。

现在，随着数字技术蔓延到其他行业，人们对这些技术的影响提出了质疑。如果监管现状不变，则大型科技公司可能会变得更有影响力。它们可以继续积累数据和人才，在研发上投入数十亿美元，并在零售和医疗等传统业务中收购人工智能初创公司。

在现实世界中，"经济基础决定上层建筑"，而在虚拟的互联网世界中，底层技术架构决定了上层建筑。英国计算机科学家、万维网的发明者蒂姆·伯纳斯·李在设计 WWW（万维网）时，使用的就是去中心的结构，即每个人都可以建设自己的网站。现在互联网却变成中心化结构了，为什么？

因为服务器是由大型科技公司或企业集团拥有的。

物质决定意识，数据不能脱离服务器，而服务器的企业属性本质上决定了数据的最终控制权将属于服务器的控制者，也决定了数据很难被自由地流动和迁移。

服务器是由大型科技公司或企业集团拥有的，所以互联网的现状就像极了资本主义，不可避免地走向寡头垄断。区块链作为历史上第一个真正的公有计算平台，则有望实现数据、计算和存储的"共享经济"。例如 Filecoin，以点对点的分布式协议实现了全球剩余储存空间的共享。要知道，从硬盘到数据中心，全球约有 1/2 的储存空间未被完全利用。

计算能力的指数增长、互联网数据的总吞吐量和人与人之间的在线交互是创新的主要驱动因素。分布式网络破坏了目前的集中模式，为支持社会公平、信息获取和安全以及业务创新提供了独特的潜力。

区块链是分布式网络中的一个支柱和领先的概念，它作为跨网络的共享数据库，一旦被存储和验证，信息就不会受到阻碍。区块链为不断增加的安全性、可核查性和透明度提供了解决方案。它旨在培育一个共享和信任的数字环境，将单一故障点从方程中删除，可以使该技术应用有许多可能性和情境。

公有区块链是一个可信的公有计算设施。这种新的底层的技术架构让我们拥有了新的可能性。例如，让用户能够轻便地控制自己的身份和行为数据。所有的个人隐私数据，均可以通过用户自己来拥有，并在需要的时候有限地授权第三方使用。基于区块链，我们有望免于寡头的"数据剥削"。

区块链以不止一种方式改变了互联网的商业网络，它的分布式账本的特性，包括去中心化、安全、隐私、不可篡改和可追溯性，改变了企业沟通和联系的方式。区块链还显著降低了成本，这就是任何希望从长远来看，促进自身增长的公司都需要采用区块链系统的原因。

4.2 智能合约定义企业服务

智能合约是一种计算机协议，旨在以数字方式促进、验证或强制执行合同的谈判或履行。智能合约允许在没有第三方的情况下进行可信的交易。

智能合约可帮助你以透明、无冲突的方式交换金钱、财产、股票或任何有价值的东西，同时避免中间人的服务。

4.2.1 智能合约定义服务产品

区块链因为是一个分布式系统，存在于所有被允许的各方之间，不需要支付中介（中间人），所以可以节省时间和避免冲突。区块链虽有其问题，但不可否认的是，它比传统系统更快、更便宜、更安全，这就是银行和政府转向使用区块链的原因。

1994 年，法律学者和密码学家 Nick Szabo 意识到去中心化账本可用于智能合约，也称为自动执行合约、区块链合约或数字合约。在这种格式中，合约可以转换为计算机代码，在系统上被存储和复制，并由运行区块链的计算机网络监督。这也会导致形成分类账反馈，例如转账和接收产品或服务。

描述智能合约的最佳方式是，将这项技术比作自动售货机。通常，你会去找律师或公证人，付钱给他们，然后等待拿到你需要的文件。使用智能合约，你只需将比特币放入自动售货机（分类账），将获得你的驾照或你账户中的东西。更重要的是，智能合约不仅以与传统合约相同的方式围绕协议定义规则和惩罚，而且还自动履行这些义务。

智能合约包含了有关交易的所有信息，只有在满足要求后才会执行结果操作。智能合约和传统纸质合约的区别在于智能合约是由计算机生成的。因此，代码本身解释了参与方的相关义务。

　　事实上，智能合约的参与方通常是互联网上的陌生人，受制于有约束力的数字化协议。本质上，智能合约是一个数字合约，除非满足要求，否则不会产生结果。

　　正如 22 岁的以太坊程序员 Vitalik Buterin 在 DC 区块链峰会上解释的那样，在智能合约方法中，资产或货币被转移到程序中，"程序运行此代码，并在某些时候自动运行验证一个条件，它会自动确定资产是应该交给一个人还是归还给另一个人，或者是否应该立即退还给发送它的人或某种组合"。同时，去中心化分类账也存储并复制文档，使其具有一定的安全性和不变性。

　　虽然智能合约只能与数字生态系统的资产一起使用，不过，很多应用程序正在积极探索数字货币之外的世界，试图连接"真实"世界和"数字"世界。

　　假设你向我租了一套公寓，你只需要通过区块链支付加密货币就可以做到这一点。首先当支付完成之后，你会收到一份收据，该收据保存在我们的虚拟合约中；之后，我会发送给你一个包含指定日期的数字输入密钥，如果钥匙没有按时到达，区块链会发送退款。如果我在租赁日期之前发送钥匙，该功能会在日期到达时将费用和钥匙分别释放给你和我。该系统在 if-then 前提下运行，并有数百人见证，因此你可以期待完美的交付。如果我把钥匙给你，我肯定会得到报酬。如果你发送一定数量的比特币，你就会收到密钥。该文件在时间过后自动取消，由于所有参与者同时收到相关的信息，所以代码不能在另一方不知情的情况下干扰我们任何一方。

　　智能合约也可以用于各种情况，涉及金融衍生品、保险费、违约合同、财产法、信用执法、金融服务、法律程序和众筹协议。

　　区块链不仅提供单一分类账作为信任来源，而且由于其准确性、透明度和自动化系统，还消除了沟通和工作流程中可能出现的混乱。通常情况下，业务运营必须忍受来回往复，同时等待批准和内部或外部问题的解决，而区块链分布式账本简化了这一点。区块链还消除了独立处理通常会出现的差异，这些差异可能导致代价高昂的诉讼与和解延迟等。2015 年，美国存托信托与清算公司使用区块链分类账处理价值超过 1.5 万亿美元的证券，总计 3.45 亿笔交易。

我们可以来想象一下，智能合约可以给你带来什么样的好处。

自治。你是达成协议的人，无须依赖经纪人、律师或其他中介机构确认，这也消除了第三方操纵的危险，因为执行是由网络自动管理的，而不是由一个或多个可能有偏见的可能犯错的个人管理。

信任。你的文件在共享分布式账本上加密，没有人可以说他们失去了它。

备份。想象一下，如果你的银行丢失了你的储蓄账户。在区块链上，你的每位朋友都支持你，你的文件已经被多次复制。

安全。密码学，即数字加密技术，可确保你的文档安全，没有黑客攻击。事实上，需要异常聪明的黑客才能破解密码并渗透。

速度。你通常需要花费大量时间通过文书工作来手动处理文档，智能合约使用软件代码来自动执行任务，从而缩短一系列业务流程的时间。

节省。智能合约可以为你节省资金，因为它们消除了中介。例如，你必须请公证人见证你的交易。

准确性。自动化合同不仅更快、更便宜，而且还能避免因手动填写大量表格而产生的错误。

至于智能合约本身的潜力，它可以影响的行业范围是无穷无尽的，从医疗保健到汽车再到房地产和法律，这份清单不胜枚举。

4.2.2　智能合约定义服务流程

组织面临的最大挑战之一是在与另一方接触时缺乏信任。由于缺乏信任和透明度，各组织在最后敲定协议时谨慎行事，在中间人身上花费大量时间和金钱。

智能合约可以通过在合同条件可以被公开遵守的情况下移除中间商来改

善这一点。智能合约利用区块链在双方之间建立信任和透明度。它们能够建立不可改变和可获得的合约。

简单的理解，智能合约是条款以计算机语言而非法律语言记录的智能合约，当一个预先编好的条件被触发时，智能合约执行相应的合同条款。同样地，单独一方就无法操纵合约，因为对智能合约执行的控制权不在任何单独一方的手中。

智能合约的工作原理可分为五个步骤。

（1）报价。交易过程从第一当事方的报价开始。第一方以"if-that"语句的形式写出其术语，然后将其放入区块链中。

（2）谈判。区块链上的任何一方都可以看到条款，以便双方可以就合同条款进行谈判。

（3）核准。一旦双方就条款和触发事项达成协议，如到期日、到期日、协议价格或其他条件，合同就变得不可更改，任何一方都不能更改。

（4）满足条件。在双方批准合同后，Smart 合同可以通过解释实时数据来自我验证合同中的条件。

（5）交易。当触发事件发生时，会发生股票、房地产、信息、知识产权和数字/非数字基金等资产的转移。

智能合约是一种新兴的技术，可以提高各种行业的效率。随着技术的成熟，预计会有更多的组织利用它来降低成本，实现快速和安全的交易。举例来说，全球保险连锁市场交易预计 2023 年将达到 10 亿美元，复合年增长率为 85%。智能合约可以通过在某些事件发生时自动化索赔来改进保险流程。例如：

- AXA（安盛保险）推出了一种保险产品 Fizzy，它使用智能合约技术来处理航班延误保险索赔。智能合约连接到全球空中交通数据库，这样当发生超过两小时的延迟时，付款就会自动触发。
- B3I 是一家在区块链平台上提供保险解决方案的初创公司，为整个价值链提供提升效率、业务增长和提高质量的机会。它使用智能合约来验证条件。如果被验证，则自动将资产确定为候选资产。

又如，供应链管理是对货物流动的管理，涉及对企业供应方活动的积极精简。在供应链网络中，一旦项目到达最终目的地，项目的所有权状态就会发生变化。有了智能合约，供应链中的每个人都可以借助物联网传感器和智能合约跟踪商品的位置。如果项目在处理过程中丢失，智能合约可以检测其位置。SMART 合同还可以自动化所有涉及的常规任务和支付，因此组织不需要发送大量的文档，因为一切都是虚拟的。

制造商与零售商之间的智能合约可以包括以下条款：

- 制造物品的成本；
- 从收到订单到发货的时间；
- 罚款和奖金条款；
- 补偿发票的付款条件。

4.2.3 智能合约定义服务方式

智能合约，是定义一个或多个业务对象生命周期的计算机的代码，应用程序使用它生成对这些对象的更改的记录。智能合约还可被用于查询这些对象的当前值和所有事务的历史记录。

以汽车的生命周期来举例说明，智能合约是完全可以定义服务方式的。汽车的整个生命周期包括制造、渠道分配、销售、保险、使用、维修保养、转售、短期租赁，以及最终报废的一系列长达数年的时间。智能合约可用于生成捕获整个生命周期的事务，这些车辆的每个环节的交易或服务都被永久记录在一组实时的分类账本中，这些分类账本由区块链网络的每个成员拥有。这些组织可以查询其分类账副本，以确定某一车辆或其以往任何交易或服务的现状，并产生新的交易。

智能合约还可以定义影响事务生成的业务条件和服务规则。例如，转售的条件可能是只有车主才能出售，或者每当一辆汽车改变所有权时，就会产生一个事件来通知相关的管理部门及机构。

当汽车保险公司从虚假索赔或其他任何渠道收到欺诈性信息时，智能合约可以帮助公司验证提交。通过区块链，保险公司将能够确认汽车是否在撞车前，进行了重大维修？是不是由车辆的驾驶技术问题所引起的？或者可以核实投保人提供的其他任何细节。

另外，有部分车主也会通过短期租赁的方式，来减少汽车因为大部分时间都未得到充分使用，而需要持续承担的固定费用，如保险、税收、修理和停车费用。在短期租车中使用区块链，为汽车共享提供了一个安全和可靠的平台，也通过鼓励 P2P 共享汽车，从而促进和提高大家的环保意识。

针对短期租车服务，区块链与其他每个区块链交易的功能相似。服务提供商（或车主）和在区块链上注册的终端客户，可以根据事先商定的法律签署数字智能合约。

智能合约包含所需的信息，如租车人详细信息（驾驶执照验证、保险和信用卡数据）和汽车注册号码、成本、里程数、租期和车主凭证。所有金融交易（租金支付）都可以通过支票或购买相关的加密货币和令牌在区块链上注册。智能合约的使用使系统变得透明和安全，因为合同数据和约定是不可改变的。

区块链和智能合约的好处，在租赁期结束时最为明显。例如，当客户返回一辆租来的汽车时，分布式分类账本消除了服务提供商和最终客户在最终租赁付款方面存在的冲突。它们在整个租赁周期中建立了透明度，包括透明的车辆使用记录、里程数、燃料、修理、轮胎调整和保险。这使得根据智能合约的预定义条款来量化，任何最终租赁成本变得更加容易。根据智能契约，出租方可以以加密货币或令牌的形式自动获得付款。

汽车制造商、经销商和保险公司正在探索区块链，一些公司已经宣布愿意进行研究，并将自己的能力付诸实践。分布式分类账本支持的技术，如智能合约，可以使汽车公司在运营中取得许多优势。这些措施包括减少文件工作流程费用、防止欺诈、促进制造业和保护数字生态系统。

4.2.4　智能合约定义服务生态

区块链专为多方业务事务而设计，使用区块链的组织依靠值得信赖的自动事务来开展业务。区块链的一个重要方面是去中心化。因为它是一个存在于所有许可方之间的去中心化系统，所以不需要使用中介。实际上，使用区块链，使你省去了中间人，节省了时间，并有助于防止在交易中出现潜在的分歧。

区块链的创建者认识到，去中心化区块链账本可用于自主执行或智能合约。智能合约可用于以透明、无冲突的方式交换资金、财产、股份或任何有价值的事物。无须使用中介即可完成智能合约。

通过将该技术与自动售货机进行比较，你可以更好地理解智能合约。通常，要完成一个合约，需要联系一位代理人，向代理人支付一笔费用，等待接收相关文件，无论是第三方保管协议、离婚判决书还是其他任何"正式"法律文件。通过智能合约，你只需向自动售货机（账本）中投入一枚代币，就会将瓶装饮料（文件）提供给你或存到你的账户。这是一个简单的流程，无须任何额外干预。

北京天德科技有限公司开发的天德区块链智能合约系统，是基于天德区块链底层框架进行的集成开发。天德底链技术所具有的分布式存储、数据防篡改、共识机制及智能合约等特性在许多领域都有巨大的应用价值。

天德区块链智能合约系统提供了完整的区块链与智能合约体系，分为存储层、区块链核心层、合约层、接口层和应用层，包括智能合约模板的创建、合约的创建、合约触发、合约执行等智能合约全生命周期功能。该智能合约系统与底层区块链系统高度解耦，可随时接入天德区块链，无须启停区块链节点即可完成智能合约系统的接入与退出。该智能合约系统支持合约的并发运行，在性能和可扩展性方面表现突出。

天德区块链智能合约系统可应用于多个领域，如金融业的交易支付，版权领域的登记确权，法律领域的案件判决以及监管科技等。高度灵活性的开发支持使得天德区块链智能合约系统可轻松适用于多种场景，模板式的加载方式减少了同领域中重复合约的编写工作，大大降低了使用智能合约的成本以及可能存在的合约漏洞数量。

4.3　构建可信区块链应用生态

迄今为止，互联网发展约有 26 年。互联网非常重要，但是依旧未能解决可信的问题，因此导致出现经济现象中的"不可信"现象。区块链在建立可信方面一定是最核心的，在于促进可信社会的建立。没有一个产业不需要可信的生态环境，而但凡需要可信的生态环境，就需要发挥区块链的优势。

4.3.1　如何创建一个智能合约组织

随着区块链发展的步伐不断加快，区块链已经涉及很多行业。虽然目前在整体业务中的渗透率还比较低，运行在区块链上的业务和资产还不够多，但基于密码学、共识机制及智能合约等技术，区块链已经在各个领域进行了应用尝试。很多业内人士认为金融、供应链领域将成为区块链迅速发展的一片沃土。那么如何与合作伙伴共同创建一个智能合约组织？关键有六个阶段和步骤，可以参考表 4-1，进行实战演练。

表4-1　与合作伙伴共同创建一个智能合约组织

阶段（步骤）	特征描述及说明
协议确认	需要多方确定合作机会和具体成果。在协议范围确定后，双方可能需要设立全新 B 公司并确定其业务合作伙伴；协议确认可能包括但不限于转让、使用权、资产交换和业务流程等

（续表）

阶段（步骤）	特征描述及说明
设定条件	预设定条件作为合同执行的指导原则。智能合约由合约方或合约条款中定义的其他任何事件触发。触发器可能是特定日期、GPS位置、自然灾害发生和特定金融市场指数。同样，宗教活动、生日和假期等临时条件也可用于触发智能合约。例如，在 B 公司的情况下，如果客户的生日临近，则可以向客户发起智能合约的促销，该合约旨在提供更独家的交易
商业逻辑	通过区块链的智能合约是脚本化的代码片段，这些代码已经被开发和组织，在触发事件或活动发生时触发执行。在此步骤中，使用预设条件编写代码；通常情况下，条件语句，如 if、then、else 用于确保活动的逻辑和自动执行
区块链和加密	加密是区块链的关键部分。使用加密技术进行加密是为了保证交易的安全性，并确保通过网络发送的消息得到验证和认证。然而，程序开发和加密必须符合智能合约方的意图使用的底层区块链模型。例如，如果各方计划使用以太坊区块链架构，那么代码必须用基于以太坊的区块链编程语言编写
执行和实施	这一阶段，需要有对初始合约交易和后续交易的保证承诺。区块链网络中各个参与节点对设定的条件进行验证后，节点就有效性、验证性和真实性达成共识；然后将新的智能合约写入当前区块；执行代码，并在网络中的每个节点上更新结果。这些新的书面指令作为验证和控制事务处理的基础，以确保有效性
更新网络	合同履行完毕后，每个节点都在新状态上更新。本质上，一旦交易或新记录随后被执行，就不能进行任何更改；唯一可以做的就是添加和创建新记录

4.3.2　让大规模协同成为现实

由于区块链的高度适应性，它几乎可以使所有业务关系受益，无论这些关系是垂直的还是水平的。

垂直。在垂直关系设置中，企业通常具有供应商-客户关系。这意味着企业需要其他企业的产品或服务才能将最终产品交付给客户。

横向。企业之间的横向关系通常是相互竞争的。横向关系与以迎合相似目标受众为共同基础的企业有关。在这里可以形成商业联盟，为客户和他们自己的利益共同行动。

对角线。企业有时需要来自不同业务的其他企业的服务，对角关系是指企业与其他企业没有直接关系，但仍然可以影响其他企业的关系。

无论企业是横向关系、纵向关系还是两者兼而有之，总体目标都是一样的：为目标受众创造价值。在价值创造方面，协作关系可以对企业产生不同的结果。共享协作商业模式通过融合匹配能力创造价值，以实现更广泛的规模。这就是拥有共同客户（横向关系）的企业联合起来提高客户满意度的情况。值得注意的是，拥有相同客户的企业不一定是竞争对手。例如，咖啡店和高级餐厅都在食品行业，但它们不是直接竞争对手，它们可能共享客户。

一个互补的协作商业模式来自企业合作创造价值，如果它们单独工作，这些价值将不存在。将具有不同目的的不同业务结合在一起是最容易出现的机会。尽管通常更难整合，但补充性服务具有更高风险、更高回报。

区块链是一种多方面的工具，可以适应多种情况。尽管大多数区块链应用强调加密货币和相关的金融技术，但其他许多领域仍未受到影响。没有理由相信紧密合作的企业不会从许可区块链环境运营中受益，前提是区块链的透明度和安全性特征可以对它们之间的信任关系产生深远而积极的影响。

区块链可以为企业带来许多价值和好处，例如，无须更改成本高昂的计费系统，即可为它们之间的协作业务进行安全交易；简化了业务流程，以获得更好、更及时和更低成本的客户体验；最终可以成为使智慧城市交易能够近乎实时地集成最终用户服务的关键因素。

区块链和特别许可的区块链足够灵活，可以适应不同的相关业务。它可以将整合具有多个参与者的网络的技术性降至最低，从而大大缩短实施停机时间。企业之间的大规模协同可以有效地促进共同繁荣，确保企业之间的信任差距可以用区块链网络中的共识协议来填补。

4.3.3 打造透明的信任机器

区块链和人工智能几乎出现在每个首席信息官的观察名单中，这些技术能够重塑行业。这两种技术都带来了巨大的好处，但也带来了挑战。可以公平地说，围绕这些技术的炒作可能是史无前例的，所以把这两种成分结合起来的想法可能被一些人视为酝酿一个现代版本的信息技术的魔法小精灵。同时，用一个以合乎逻辑的方式来思考这种既明智又务实的"混搭"。

世界上许多最著名的人工智能技术服务都是集中式的，包括亚马逊、苹果、Facebook、谷歌，以及阿里巴巴、百度和腾讯等公司。然而，在建立它们渴望但有些谨慎的用户之间的信任方面，所有人都遇到了挑战。企业如何向用户保证其人工智能没有越界？

企业在探索机会和建立区块链应用程序的信任方面处于关键地位，然而，许多企业在开始区块链之旅的初期就没有意识到或没有充分的能力来管理这些新技术的新风险和挑战。那么，在区块链解决方案中建立信任的关键维度是什么？如何在区块链的应用中建立信任？

1. 建立强有力的治理机制

对区块链的设计、开发和部署建立强有力的治理和控制，以便在区块链解决方案的整个生命周期中为有效的决策提供信息。开发区块链治理和控制的一个良好起点，是利用和调整风险管理模式，建立一种合理的区块链采用方法，以满足利益相关者对风险管理和监督的期望。

2. 从一开始就确定范围、目标和成功标准

开发区块链解决方案的基础必须首先明确说明目标，以确保设计和实施与预期用途保持一致，并有效地融入业务流程。基于区块链的应用，定义成功是非常困难的，因为结果和数据集可能是非常主观的。各机构可能会发现，如果不加强开发和数据能力，区块链应用就不会产生超出现有控制范围的重大效益。建立明确的绩效指标和参数，这些指标和参数与明确的风险偏

好声明相联系，对于跟踪区块链的产出是否在可接受的风险水平上达到目标至关重要。

3. 使设计透明

区块链及其底层算法的透明性是非常重要的，区块链融合了人工智能和机器学习等领域的技术，是一个广泛的领域，具有不同程度的复杂性和透明度。与更多现有的过程相比，神经网络和深度学习可能被证明是建立信任的更困难的领域。设计过程必须考虑区块链的不同功能和适合于模型的预期目标和用途，以及输入数据的特性。

4. 合作界定主要做法

成功地将区块链嵌入合规生态系统需要多个利益相关方的承诺和协作：企业、供应商、合作伙伴、监管机构和政府。协作努力可以为更广泛的采用和确定进一步的利益奠定基础，但也为适当的治理和控制制定了标准，以管理区块链支持的解决方案的安全开发和部署。

5. 注重数据输入和道德问题

用于训练和操作区块链系统的输入数据至关重要，数据质量是实施企业面临的重大挑战，往往影响区块链系统的有效性和效率。项目需要评估数据质量及其作为设计和开发阶段的一部分供区块链能使用的适当性，并实施数据管理控制，以监测业务期间的持续数据质量。

6. 采用可靠的测试和验证

测试和独立挑战的水平越高，解决方案可能就越有效，操作风险也就越小。共同的模型风险管理框架包括模型验证和独立的模型审查小组，它们可以提供有效的挑战。同样，可以利用如压力和敏感性测试以及冠军/挑战者方法等测试技术。

带区块链的物联网可以为捕获的数据带来真正的信任。其基本理念是，在设备创建时，通过区块链在整个生命周期中验证设备标识。物联网系统在区块链功能方面具有巨大潜力，依赖于设备标识协议和声誉系统。使用设备标识协议，每个设备都可以拥有自己的区块链公钥，并将加密的挑战和响应消息发送到其他设备，从而确保设备继续控制其身份。此外，具有身份的设备可以开发区块链跟踪的声誉或历史记录。

区块链处于物联网、人工智能和云等技术的交汇点。它有能力带来这些技术目前缺乏的信任要素。信任是通过用户的多样性获得的。

与具有单个管理员的数据库不同，区块链使一组不同的管理员能够"参考"数据，因此任何管理员都不能恶意或意外地更改或删除数据。一旦管理员达成共识，数据就会被固定在"链"到彼此加密的块中，形成防篡改分类账。

当人工智能、物联网和云使用区块链跟踪与这些系统使用和发送的数据相关的来源、证明和权限时，对数据的信任度会显著提高。这种信任将使物联网、人工智能和云能够在不惧怕妥协的情况下被采用，开创应用和采用这些技术的新时代，从而更好地改变日常生活。

第 5 章

创业者如何 All In 区块链

区块链作为一种颠覆性技术创新，已经融会吸收了分布式架构、块链式数据验证与存储、点对点网络协议、加密算法、共识算法、身份认证、智能合约、云计算等多类技术，并在某些领域与大数据、物联网、人工智能等形成交集与合力。经过比特币区块链"实验场景"的十年闭环验证，区块链已经形成了一个完整的技术生态系统，是一个可以自主运行的"多维生物"。

All In 有两种意思，一种是德州扑克游戏中的术语，意思是全部押进自己的筹码；另一种是表示疲乏到了极点。

今天，互联网已经成为一种持久性的技术，其突破与创新早已不复存在。另外，互联网行业被几个巨头完全垄断，国内有 BATJ，国外有 Facebook、Google、Apple 等。很多新进的创业公司，已经无路可走，疲乏到了极点。

区块链的出现，让创业者看到希望的曙光，看到点点星火，他们义无反顾地 All In，因为他们知道，这是唯一的一次掀桌子的机会，可以把现有的商业生态推倒重来。因为底层的逻辑变了，一切也都会改变。

5.1 创业者需知道的

5.1.1 区块链的技术价值

《失控》作者、《连线》杂志创始主编凯文·凯利，曾经说过"颠覆来自边缘化创新"。大多数技术创新型公司进入新的领域，都是因为没有别的选择。没有钱，利润率和认可度都非常低，这些是它们创新的原动力。创新公司正是从大公司注意不到的地方开始创新，不断改进的。

区块链是颠覆性的技术革命，是互联网发展到一定程度后的自我进化，其意义远超互联网。目前我们看得见的区块链的价值有：①简化流程，提升效率；②降低交易对手的信用风险；③缩短结算或清算的时间；④增加资金流动性，提升资产利用率；⑤提升透明度和监管效率，避免欺诈行为。表 5-1 归纳总结了区块链技术生态系统。

表 5-1 区块链技术生态系统

结构	技术层次	技术架构
入侵方向：自下而上	应用层	主流技术：比特币、以太坊、EOS、Ripple、Fabric、EEA。 扩展技术：预言机、侧链、闪电网络、跨链协议、零知识证明。 延伸技术：Hashgraph、IOTA、Stellar、NEO、RailBlocks、IPFS
	合约层	脚本系统、算法机制、智能合约、网络服务
	激励层	经济激励的发行机制、经济激励的分配机制
	共识层	PoW、PoS、DPoS、PBFT、DBFT、Pool 验证池、PAXOS、Raft、Ripple（RPCA）
	网络层	P2P 组网机制、数据传播机制、数据验证机制
	数据层	区块数据、链式结构、数字签名、Merkle Tree、哈希函数、非对称公钥数据加密，时间戳

注：竑观区块链投研部整理表格的数据及资料（由于内容较多，没有完全收录）。

颠覆性的技术创新，也叫破坏性技术创新，是以毁灭原有的价值链结构为起始，以产生新的价值网络为终点的。颠覆性的技术创新的技术发展跨越了原有技术轨道，呈现非连续、非线性的特征，从而带动整个技术竞争节点、市场格局和产业结构的再造与重塑。

颠覆性的技术创新的入侵方式通常是自下而上的，开始的时候一定是让人充满怀疑的、本能排斥的，甚至是深恶痛绝的，同时会暴力地野蛮生长。

首先，颠覆性技术创新的诞生会重塑行业内部竞争生态，扩展行业边界范围，推动技术、市场、组织，以及内外部场景因素的相互融合与竞争。

其次，与其他的技术创新相比，颠覆性技术创新能给客户提供更多持续性的利益，在很大程度上会改变现有的消费及使用模式，形成新的市场与价值空间。

区块链的技术价值主要体现在通证设计上，包含了表 5-1 中经济激励的发行机制和经济激励的分配机制两个部分。通证设计是一个完整的经济模式，不能把它单纯地看成一个数据库交易系统。通过通证经济模型，整个网络在没有一个实际的权威公司提供服务时，也能够有效良好地运行。

Tips1

创业者在 All In 区块链时，需要认真考虑"通证经济模型设计"，这个模型决定了企业的公共性、公众性和其未来的开放程度。

5.1.2　比特币不是区块链

跟风而进入区块链创业的团队，大部分都是通过比特币这类虚拟数字货币了解到区块链的，所以许多创业团队也都将比特币和区块链混为一谈，但是区块链与比特币的关系并不是等同的。比特币仅是区块链的一个封闭式"实验场景"，是为了验证其有效性而设立的，目前除了炒作比特币的市值，并没有任何的商业用途。

比特币等虚拟货币价格飙升，导致衍生一种新的互联网融资模式 ICO。

大多数虚拟代币是"借鸡下蛋",其本身没有区块链,只是单纯"寄生"在其他货币的区块链上,利用智能合约进行登记而已。由于实现这一过程十分便捷,则给非法集资、传销等不法行为提供了便利,形成了"传销币"和"空气币"。

为了方便开发代币智能合约和钱包软件,以太坊推出了 ERC20 代币标准。ERC20 标准规定了代币名称、代号、发行量、转账等一系列常用的代码规范,只要按照这个规范来设计的代币智能合约,就能在绝大多数以太坊钱包上使用。ERC20 标准使用起来也非常方便,用几十行代码即可产生完整功能的代币。所以熟练的程序员用 15 分钟建立一个 ERC20 代币并不是困难的事。

目前 90%的区块链创业者,都用错了 ICO,这导致整个行业迅速地被投机者爆炒,也迅速引起了监管的高度重视,这对那些踏踏实实想利用区块链和通证经济学理论做点生态项目的创业者,产生了非常巨大的影响。

创新意识需要培养。好的创新都是建立在对某个领域的深入认识的前提下的。研究,思考,模仿,思考,尝试,创新。创新和创业都是要改善和改变的,既然有改就应该对原有的东西了解清楚,无论你是在原有企业或行业搞创新,还是自己有什么想法搞创业,都是要融入现有的产业社会中的,既然要融入还要破旧立新,就应该对"旧"有足够的认识和理解,才能找到创新点或创业机会。

Tips2

远离包装炒作,坚守创业初心,专注于技术的沉淀与积累。区块链作为一项颠覆性的技术,才刚刚开始它的"星际旅行"。

5.1.3 区块链商业生态系统

区块链的本质是去中心化,反映在实际应用中就是去中介化的。在传统业务模式下,交易双方往往互不信任,所以需要一个权威的、中立的第三方中间机构参与交易过程，这带来很多问题，如产生交易成本、出现信息泄露等。而区块链正是解决这一问题的利器，无论各行各业，凡是有中间机构参与的业务场景，都可以使用区块链来优化。

可持续发展的区块链公司必须兼顾以到几个方面：①有成熟的商业模式与共赢机制，通过合作共赢来扩大社区的规模；②专注于技术的积累，构建以技术为推动的社区生态系统，在应用层不断创新；③社区生态的维护和协同是区块链公司的关键，社区的领导者比程序员更重要。表 5-2 为区块链商业生态系统，包括商业应用场景及行业应用、通用应用及技术扩展、数字货币、底层技术及基础设施四个层次及多个领域的服务商。

表 5-2　区块链商业生态系统

层　次	领　域	服务商/应用商
商业应用场景及行业应用	金融科技	Omise、Bancor、Airswap、Counterparty、InsureX、ChainThat、dharma、WeTrust、ETHLend、Conomi
	游戏	Firstblood、GameCredits、Bitcrystals、UgChain、MOTION
	社交通信	Status、Matchpool、district0x、BeeChat
	物联网	IOTA、VeChain、DHG、SDChain、FOAM、OAKEN
	内容产业	Decent、Steemit、SingularDTV、Press.one、Primas、Yoyow、UIP、Askcoin、玄链、墨链、BAT、ATMchain、AdExD
通用应用及技术扩展	解决方案	云象区块链、唯链科技、钛云科技、复杂美、魔链科技、太一科技、海星区块链、塔链科技、网录科技、趣链科技、快贝、Uni-Ledger
	跨链交易	Bancor、infinite、COSMOS、Bytom
	分布式计算	iExec、Golem、Elastic、BlockCDN、流量矿石
	分布式存储	IPFS、Sia、Maidsafe、Storj、Genaro
	预测市场	Truthcoin、Augur、Gnosis、Delphy、Bodhi
	数据服务	GXS 公信宝、Factom、OracleChain、Tierion、Enigma
	信息安全	Zeppelin、万物链、gladius
	开发工具	Ethereum、EOS、LISK、Hyperledger、RSK、Stratis
	快速计算	Truebit、RAIDEN、lightning Network、Raiden

（续表）

层 次	领 域	服务商/应用商
数字货币	交易所	BitfineX、GDAX、OKEX、火币 Pro、币安网、库币网
	钱包	Bitcoin Care、Sia UI、Block Chain、Imtoken、MyEherWallet
	数字货币	比特币、Litecoin、Bitcoin Cash、Ripple、CARDANO
底层技术及基础设施	基础协议	Ethereum、EOS、NEO、QTUM、Achain、Bitshares、Waves、Tezos、万向区块链实验室
	云算力	算力宝、算力湖、BW、太一科技
	矿池	蚂蚁矿池、鱼池、BTCC、 Bitfury、Golem、HashFast
	芯片矿机	嘉楠耕智、比特大陆、KNC Miner、Bitfury

注：由竑观区块链投研部整理（由于内容较多，此处没有完全收录）。

5.1.4 公有链

公有链起源于比特币，它诞生之初就是奔着去中心化的目标的，它的信念就是本身不由任何中心机构控制，交易需要全网公开确认，算法面前人人平等，每个人和每个节点都可以参与和监督。正是公有链的去中心化，才和所有其他的虚拟货币产生了本质区别。

公有链是对所有人开放的，任何人都可以参与的，任何人都能发送交易且交易能获得有效确认的，任何人都能参与共识过程的区块链。在公有链中的共识过程决定哪个区块可被添加到区块链中，并明确当前状态。公有链一旦发布运行，程序开发者无权干涉用户，所以区块链可以保护用户。八大公有链的共识机制及特点如表 5-3 所示。

表 5-3　八大公有链的共识机制及特点

序号	名称	共识机制	公有链的特点
1	以太坊	PoW-PoS	以太坊是一个开源的有智能合约功能的公共区块链平台。通过其专用加密货币以太币，提供去中心化的虚拟机来处理点对点合约
2	EoS	DPoS	EoS 是一个区块链操作系统，提供了数据库、账号许可、调度、认证和互联网应用通信，提高智能商业开发效率；它使用并行计算把区块链拓展到百万个用户身上，并使每秒百万次交易成为一种可能

（续表）

序号	名称	共识机制	公有链的特点
3	NEO	DBFT	NEO 区块链通过将点对点网络、拜占庭容错、数字证书、智能合约、超导交易、跨链互操作协议等一系列技术相结合，快速、高效、安全、合法地管理智能资产
4	Qtum	PoS	创造简单实用的去中心化应用可以在移动设备上运行，兼容目前的主流区块链生态系统
5	Bytom	PoW	Bytom 是一种多元比特资产的交互协议，运行在比原链区块链上的不同形态的、异构的比特资产（原生的数字货币、数字资产）和原子资产（有传统物理世界对应物的权证、权益、股息、债券、情报资讯、预测信息等），可以通过该协议进行登记、交换、对赌和基于合约的更具复杂性的交互操作
6	Cosmos	BFT	建立一个分布式账本网络，解决加密货币和区块链社区长期存在的问题。宇宙网络由许多独立的、平行的区块链组成，这些区块被称为"区域"，每个区域都由经典的拜占庭容错（BFT）协商一致协议（如"Eris-DB"所使用的平台）所驱动
7	ONT	多元分散	本体网络是全球首个提出分布式链网体系的基础性平台，除了本体网络本身的分布式账本框架可以支持实现不同治理模式下的区块链体系，还可与来自不同业务领域、不同地区的不同链，通过本体网络的各类协议进行协作，形成各类异构区块链和传统信息系统的跨链、跨系统交互映射
8	ADA	PoS	Cardano 是全球首创可以证明公平性和安全性的游戏平台，特点是完全没有被运营商支配的民主平台。利用区块链，打造创建一个完全透明、不能作弊的全球首家分散型游戏平台

注：由竑观区块链投研部整理（由于内容较多，此处没有完全收录）。

公有链的维护治理，往往由一些极客和技术团队发起，采用社区方式进行维护，代码完全开源，采用社区众包方式。公有链另一个比较特殊的特性是使用 Gas 费用，也就是通过原生 Token 或原生 Token 关联的 Gas 作为手续费去支付使用公有链网络的费用，一方面避免滥用和浪费资源，同时一定程度避免恶意攻击；另一方面可以回馈给达成共识的节点。

公有链在商业上的应用有几大特性：①透明可信的商业逻辑，商业规则不可篡改；②产业关键数据穿透、传导并跨越传统信任边界；③零边际成本和自主拥有的数字凭证资产；④资产交易所的构造和边际成本趋零；⑤全球资本市场一体性；⑥零边际成本构建衍生品市场。

所以说公有链创造的是一个价值网络新世界，充满着社会人性的光辉，是有灵魂的。

Tips3

公有链是区块链发展的重心，是各家都在争夺的战略要地。在底层协议上赚上层应用的钱，是区块链的盈利模式。

5.1.5　巨头们对区块链的态度

巨头们抢滩区块链，其真实的目的有两方面。一方面是为了推动公司关联业务的发展，如网易星球基地获取个人数据或为互联网金融铺路，猎豹 AI 音箱结合区块链是为了获取带标签数据，再如酷链钱包能够刺激酷我音乐的下载和使用。另一方面是为了炒作股票价格，在二级市场收割"韭菜"。例如，在 2018 年 A 股市场，紫光股份、恒生电子等 55 家上市公司涉足区块链项目，其中有 3 家公司股价涨幅超过 20%，但是公司尚未有成熟的产品出炉，只有等项目落地，才会对公司业绩产生影响。

BATJ 等互联网巨头纷纷高调发布区块链白皮书，对于新进的创业者带来了无形的压力和时间的紧迫性，其实大可不必担心，因为这盘菜和他们无关，原因有以下几个方面。

（1）大公司的惯性和僵化思维，促使它们在执行层面，永远是雷声大雨点小。

（2）区块链技术的沉淀与积累，需要大量的时间与人力资源，同时短时间里也看不到实际的收益，并不解决大公司的增长需要问题。

（3）大公司的战略层认为，区块链是个不存在的市场，不可能被分析，没有足够的量化数据来支撑投资回报。

（4）大公司的决策层认为，技术供应可能不等于市场需求，客户其实并不需要区块链的产品。

Tips4

无视巨头们的浮夸示威，它们都是二维的"寄生虫"，专注于你自己的价值网络建设和产品结构磨砺。

5.1.6 区块链与其他技术的相互影响

对于很多创业者而言，将公司的商业策略从技术中分割开来已经变得越来越困难了。事实上，很多行业的未来都与它们如何利用新兴技术来影响现有商业经营模式有着千丝万缕的联系。在其他宏观层面，如经济全球化、客户新期望和监管合规需求等方面也同样存在着对技术的依赖。

区块链作为一种颠覆性的技术，同时又代表了一种新型生产关系的变革，与其他技术会相互影响。

1. 区块链与大数据

目前，大多数的大数据企业发展都遇到了瓶颈，这些瓶颈包括数据孤岛、数据造假、数据垃圾、数据冗余和数据的个人隐私等问题，这些问题并不是用单纯的数据技术就可以解决的，其实是社会经济问题。也可以说，大数据应用的发展不取决于技术的发展，而取决于社会经济方式的变革速度。在有限的领域里，如搜索、电商、云计算和技术已经得到比较充分的发展，眼下来看谁付出谁受益的问题，是把小数据变成大数据过程中最主要的问题。

这种关系理不顺，数据就会停留在孤岛层面，每个组织都有自己的东西，并把它命名为"大数据"。而为了理顺这种关系则要回到一个非常经典的问题，"数据公地"到底可不可以建立。

而要想建立数据公地，那至少要解决谁来做的问题，对此开源给出的启示有两点非常关键：第一，这不能是个营利组织；第二，这要能获得众多企业的支持。因为数据会牵涉隐私，所以同开源相比，那就一定还要有比较清晰的界定数据使用的规则。

事实上，区块链的开源模式、共识机制和社区运营体系是完全可以解决这个社会经济问题的，创业者可以思考这方面的创新。

2. 区块链与人工智能

人工智能是计算机科学的一个分支。人工智能企图了解智能的实质，并生产出一种新的能以与人类的智能相似的方式做出反应的智能机器，该领域的研究包括机器人、语音识别、图像识别、自然语言处理和专家系统等。

区块链的技术融合分布式架构、块链式数据验证与存储、点对点网络协议、加密算法、共识算法、身份认证、智能合约、云计算等多类技术，与人工智能的技术有多重交叉结合的空间。在人工智能中很多算法是完全可以融合到智能合约的应用中的。

另外，多技术的相互融合是未来区块链发展的大趋势，类似区块链+云计算、区块链+大数据、区块链+人工智能、区块链+物联网等应用场景都会大幅度地出现，甚至覆盖多种技术的融合性解决方案也占有一定的市场地位。

> **Tips5**
>
> 创业者在 All In 区块链时，需要充分考虑区块链的生产关系与大数据、人工智能、物联网等技术的融合创新，惊喜往往来自一次意外的"化学反应"。

5.2　创业者需关注的关键能力

区块链的财富创造效应是最为吸引创业者的，2010 年 5 月 21 日，美国程序员拉丝勒·豪涅茨用一万枚比特币换取了两款比萨饼，折算市价 30 美元，也就是说，比特币的原始价值应该是 0.003 美元，折算人民币 1.88 分。2021 年 2 月 22 日，比特币的交易价格是 55 811.60 美元，折算人民币 360 329.77 元，10 多年之后，其涨幅超 2 000 万倍。这种财富效应，使得越来越多的创业者把资源投入这个领域。

创业，本身就是一个摸索前行的过程。区块链是一个全新的行业及商业场景，没有可以模仿和参考的部分，需要创业团队不断地"横向学习"，也就是说，行业内部的创业者需要不断地交流和协作，共同探索新的技术路线，寻找和开拓全新的业务场景。这样一种新的商业形态，是非常需要创业者有倾听、持续学习和创造能力的。在区块链领域没有人敢说一定能做成什么样的商业场景和模式。创业者首先需要学会倾听，在倾听的过程中合理地分配自己的注意力，把技术和业务稳步向前推进。

5.2.1　对市场的倾听能力

好的倾听的一个关键是专注，避免分散注意力。可能有些人会下意识地认为获得财富是成功创业者创业的动力，但实际上绝大多数区块链的创业者是出于对新产品、新服务的热情才激发出创业热情的，或者抓住了一些解决难题的机遇。他们这样做不仅可以让消费者买到物美价廉的产品，还能让消费者过上更加舒适、安逸的生活。

有预测未知机遇的能力，同时也能预测他人不能预知的事情，这是创业者必备的特质之一。创业者们的好奇心会帮助他们辨识出一些被忽略的市场机遇，这种好奇心会使其走在创新和一些新兴领域的前列。他们能想象出另一个世界，把自己的远见有效地转化为一种切实可行的业务，随之就会吸引到投资人、客户和员工。

区块链毫无疑问有着巨大的潜力，但要创造真正的商业价值，我们还有很长的路要走，必须在核心领域有重大创新和突破。创业者需要忠于信念，保持对区块链的热情，要专注地倾听市场的声音，也就是说，必须在繁杂的市场变化中牢记自己的使命、愿景、价值观。要问自己："到底相不相信区块链这个事情？有多大的理想？愿意为未来牺牲多大的短期利益？"

5.2.2　对市场的辨析能力

创业是一场马拉松比赛，过程中充满了不确定性，创业者需要认真地识别在创业过程中的"坑坑洼洼"，才有可能走得更远。很多人犯错误是因为对市场、技术、政策和法规的理解不足，对市场的辨别能力不够。市场对每个创业者都是公平的，创业者不会因为比别人有更好的机会而赢得市场，也躲不过一些不可避免的错误。

区块链作为这十年可能最重要的创新，是下一个科技巨浪。一定会有大量的创业者前赴后继，试图找到创新点、突破口。最终，一定会有人成功。

对于已经身在其中的创业者来说，如果能够意识到区块链创业是真正的长跑，很难一击而中，现在所做的一切可能都是二次创业的一个积累，则心态和节奏会好很多。对于大多数正在第二浪中拼搏的创业者，如果目前企业的模式很清晰，发展空间还很巨大，那至少在未来两三年内不用担心区块链的冲击，将来必然会是下一个 BAT 级的风口。

5.2.3　排除干扰能力

创业者存在的意义之一即否定已有"传统智慧"，同时具备非常强的排除干扰能力。加利福尼亚大学伯克利分校的 Ross Levine 和伦敦政治经济学院的 Yona Rubinstein 在 2012 年做了一项调查，他们发现在调查过的创业者中，"聪明"常和"争强好胜、不合规矩、冒险"等品质特征混在一起。这也是为什么有些创业者在年轻的时候常会做出一些出格的事情。如果你看看近几年那些非常出名的创业者，不难发现上述那些描述一点都不为过。

实际上，创业的生存规则也像生命物种的生存规则一样，都建立在适应周围环境的基础上。公司最终推出的产品或服务很可能不是你最初的计划。因此，灵活性会有助于创业者适应市场环境，应对大众多变的喜好。你必须心甘情愿地忠于自己，告诉自己"这是不可以的"；必须围绕着市场的变化进行调整。企业要长期存活，就要面临从创业者向创新者的蜕变。永远创新，这是所有胜出者的秘密。

区块链技术的开启是一种颠覆性的创新，也可以说是一种破坏性的创新。破坏性创新和传统的持续性创新是有本质的区别的。

持续性创新，也称为维持性创新，是指对现有市场上主流客户的需求不断进行产品的改进和完善，以满足客户更挑剔的要求。

破坏性创新是指改变了原有技术发展路径的创新，它不是向主流市场上的消费者提供性能更强大的产品，而是创造出与现有产品相比尚不够好，但又具有不为主流市场用户看重的性能的新产品。

这两种创新模式原本泾渭分明，但在区块链领域，我们发现，破坏性创新和持续性创新正在以一种组合的方式出现在我们面前，或者说它们是交替出现的。举例来说，在云计算技术的冲击下，一些传统的 IT 厂商并未走向衰落，反倒是凭借在技术上的积累和市场的先发优势，成为区块链技术及业务的引领者，最为明显的就是目前的区块链技术市场，传统 IT 巨头正在充当区块链技术市场的开路先锋。例如，阿里的蚂蚁金服、腾讯区块链、百度区块链、华为区块链等。

创业中的真正冠军，一定都有这样的素质：在遇到逆境时能够振作起来，竭尽全力，冲向终点。这样的思维会一直激励你，不仅是为了自我实现，还能为整个团队树立典范。这意味着把一切置之度外，无论如何都要取胜，这就是成为冠军的意义。

5.3　创业者的思维模式

创业者想要达到成功，最重要的还是要有坚持的毅力和信念。越来越多的创业者开始组建成功的创业团队，因为想要成功必须和创业团队抱成一团，共同用智慧创造新的财富。

5.3.1　慢即快，少即多

创业初期，需要弄清楚如何让事情变得更好。激情和牺牲是每个创业者必须愿意接受的东西。虽然创建成功的企业是每个创业者的目标，但不是生活中的唯一目标。当你追逐梦想时，需要在个人成长和专业提升这两方面都水到渠成。每个创业者都讨厌为别人工作。

慢即快，少即多。有些方法看起来慢，其实却是最快的，因为它扎扎实实，不留遗弊。慢是一种境界。慢的，就不能快。而现在的年轻人最大的问题是：所有人都想做老板，没有人静下心来好好做事情，都认为只要抓住或站上一个创业的风口，就算是猪也可以飞上天。事实上，所有的商业都是需要时间积累和沉淀的，如 IC 芯片的开发流程就是非常烦琐和复杂的，每个环节都有复杂的工艺，但是一旦第一代芯片产品流片成功，后续产品的升级和迭代就变得非常容易。硬件产品如此，软件产品也是如此。

另外，创始人最理想的数量是 2～3 个人，而不是越多越好。应该给创始人 10%以上，或者更多的股权。创业公司需要的是"放大型"的人才，创业者需要的是能够超越自己的团队成员。对于初创企业，理想的工程师应该是一个全栈开发人员。

对于创业者来说，能够明白伟大的创业想法是否可行，是很重要的素质。创业初期的时候一定要让自己知道真相，而非沉浸于未来的幻想。选择合伙人就像结婚，招聘员工就像组成家庭，尽量让团队中的核心成员持有公司股份。

独角兽企业有一个共同特征，那就是它们都拥有把客户锁定在长期关系中的能力。锁定客户的一个常见判定标准是，是否能让客户把他们的时间投资在自己的产品或服务上。独角兽企业通常会围绕产品建立完整的生态系统，这就使得更换产品成了一个很痛苦的过程。对于一家创业公司来说，只有两种方法能够撬开一个市场：要么你比竞争对手多出很多个数量级的产品，要么你和其他人截然不同。

5.3.2　发散性和收敛性

创业初期，除了需要发散性思维，还需要在收敛性上做深度的思考，也就是逆向化思考。为什么？因为创业初期，最核心的问题是"活着"，也就是说可以生存下来就是胜利。这个时候，创业者都会尝试各种各样的生存方式，如什么样的产品赚钱，就开发什么产品；什么样的客户可以带来收入，就专心为他服务。创业者初期的思维方式是围绕"活着"两个字发散开来的。这时就很容易忘记了初心：自己为什么而出发？对于创业者来说，市场的规模很重要，如果市场规模太小，创业公司的成长就会受到限制。另一个关键因素是可扩展性。在高度可扩展的业务里，起点上小小的领先可以迅速地扩大为巨大的领先优势。

所以，创业者需要经常地慢下来，全力以赴，把一个问题、一个方向，变成一个目标。这样有助于降低创业的难度，可以把梦想变成一个具体的目标、一个需要解决的问题。一旦回归到创业基本点，就不要再谈生态，谈如何改变世界、梦想这些东西了。专注于目标的实现，才是创业者前行的内在动力，这时，创业也就开始变得简单了。

做好收敛性的思考，看看什么事情是和当初的目标不一致的，什么业务是和公司不匹配的。可以适当地做个减法，CEO 的核心是树立一个简单可执行的目标，这个目标越简单越聚焦就越容易达成。尽管这个目标，可能在执行的过程中，不断变化，不断被团队推倒重来，只要战略的大方向是正确的，就有希望达成。

收敛性思考，就是给自己做减法，让自己的创业目标聚焦，聚焦，再聚焦。

5.3.3 开放式和封闭式

创业初期，除了会回答开放式的问题，还需要回答好封闭式的问题。为什么？开放式问题能够获得开放式的答案，而封闭式问题只能获得一个答案：是或者否，或者是一个数字。

例如，如何让全世界的人都使用我们的电商平台，让天下没有难做的生意？这是一个开放式的问题，可以有多种答案。但是，如果问题是：提高我们电商平台的市场占有率到 20%，我们需要销售多少个产品？这是个封闭式的问题，问题的答案只有一个，是 50 个软件产品还是 51 个软件产品。

把一个开放式问题转变为封闭式问题，可以让创业者聚焦到可量化、可实现、简单化的目标和任务上，这样可以降低创业的难度，同时可以把创业情怀变成具体的问题，这个问题越具体越好。

反复就一个封闭性的问题，来回地推演。一旦具备这样的能力，创业就开始变得简单了。虽然问题不再像当初那么壮怀激烈，那么有情怀，但它开始变得有解。有解是创业道路上每个创始人都一直在探索的最难的一件事情。

　　模仿绝对是世界上最好的商业模式。创新的跨度越大，风险就越大，但收益获得指数级增长的概率同样也会更大。创业，这场比赛的赛道不是直线的，它更像一个环状螺旋，你将沿着这条跑道一路狂奔，上面的每个弯道都会让你进入另一个螺旋，这个过程就是一个不断上升的创新循环。

区块链在金融服务领域的应用

6.1 贸易金融

区块链从比特币的创始区块开始，就携带了浓郁的金融属性，这也是金融行业成为区块链应用最先落地的原因之一。

6.1.1 云象区块链开发的区块链信用证流转平台

云象区块链开发的区块链信用证流转平台，是一个贸易金融领域的综合性技术方案，以解决传统的信用证和福费廷业务缺乏较好的信息传输机制的问题。使用区块链构建跨机构的贸易金融平台，可以在没有监管单位或权威部门作为中介的情况下，形成统一的标准，并有效推动该领域各环节的互联互通，降低产业成本。区块链是金融支持实体经济的重要技术手段。

云象区块链基于区块链上数据实时验证及同步特点，将国内信用证和福费廷业务的相关信息在业务参与方中进行实时传输，从而缩短单据的在途时间，加快资金周转速度。

云象区块链开发的区块链信用证流转平台的商业价值具体体现在以下几个方面。

（1）新型互信机制。利用区块链不可篡改的技术特性，建立新型信任机制，通过数字票证的区块链技术，减少商业欺诈，降低金融风险。

（2）加速资金流转。统一技术标准和数据标准，实现跨行信息互联互通，缩短传递时间，加快资金流转。

（3）提高交易效率。完全取代 SWIFT 网络，降低交易成本，缩短交易时间，并借助全数字化体系提升用户在信用证交易方面的体验。

（4）规范信用市场。提升基础交易的真实性、一致性和透明度，增加资产交易违约成本，建立规范的信用证流转市场。

云象区块链开发的区块链信用证流转平台的合作单位有中国民生银行、中信银行、苏宁银行，项目实施及完成时间是 2017 年 10 月，该联盟链成员由中国民生银行、中信银行和苏宁银行组成。基于区块链技术，将国内信用证的开立、通知、交单、延期付款、付款等各环节上链，大幅提升信用证业务的安全性，缩短了信用证及单据传输的时间，如报文传输时间可达秒级，提高了信用证业务处理效率。买卖双方客户获知信用证业务的全流程信息，与传统信用证业务相比，更加透明和高效，有效避免错误和欺诈的发生。

国内信用证的业务流程、银行信用证联盟链的应用场景及银行信用证联盟链的拓扑结构分别如图 6-1、图 6-2、图 6-3 所示。

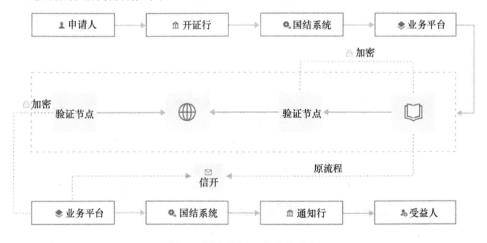

图 6-1　国内信用证的业务流程

资料来源：由云象区块链提供。

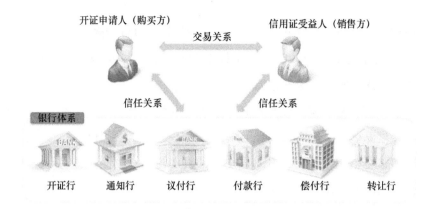

图6-2 银行信用证联盟链的应用场景

资料来源：由云象区块链提供。

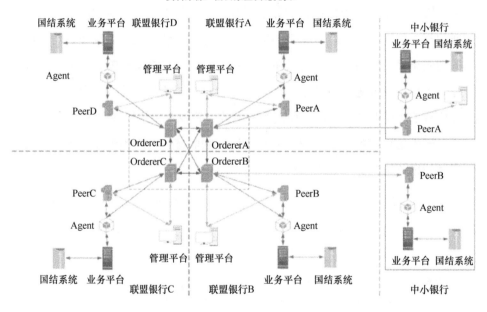

图6-3 银行信用证联盟链的拓扑结构

资料来源：引用网络公开资料。

6.1.2 云象区块链的福费廷业务平台

福费廷业务也称为买断或包买票据，是基于进出口贸易的一种融资方式，是指银行从出口商那里无追索权地买断通常由开证行承诺付款的远期款项。对于福费廷业务来说，使用传统的福费廷业务流程存在以下三个问题。一是没有在市场公开报价的平台，交易报价依赖微信、QQ 等通信工具，不仅存在信息传递安全问题，还存在询价成本高、效率低问题；二是各类单据采用传真或邮寄方式来传递，不仅容易丢失，而且文件保密性较差；三是债权转让书和转让通知书以 SWIFT 报文、邮件、传真等方式确认，容易被篡改，难以确认合法性。

云象区块链的福费廷业务平台利用区块链技术，结合业务应用系统，可以实现卖出行发布福费廷公告信息这一动作。发布的公告信息内容包含信用证基础要素信息及卖出行联系方式等。每笔福费廷交易均可在福费廷联盟链上跟踪和追溯往来的报文信息及区块信息。例如，建设银行浙江省分行与杭州联合银行合作，实现业内首笔跨行区块链福费廷交易，此笔业务借助区块链技术连接买入行和卖出行，通过在线询价、报价，发送电文、传输单据等功能，实现交易电子化，有效提升时效性、安全性和便捷性。截至 2020 年 9 月末，建设银行在区块链贸易金融平台部署国内信用证、福费廷、国际保理、再保理等领域，累计交易额超过 6 000 亿元。

6.1.3　云象区块链开发的区块链数字存证平台

在金融行业中，大量的实际业务都是建立在各类合同和凭证的基础上的，如何快速、有效地解决这些经过电子信息化的关键业务信息的存证、防伪等问题是一个值得研究的课题。

从传统技术上来看，大部分都是使用数据库存储防伪信息，这就导致关键业务防伪信息可以被不法者轻易地修改、删除和覆盖。通常，人们采用网络安全等技术手段防止外部不法者的恶意篡改行为，但如何有效地防范源自银行内部的业务人员、科技人员不合规的恶意篡改行为，如何有效地解决银行与外部企业关联系统方面的信任问题等，是传统技术在银行存证防伪领域存在的不足。

区块链具有分布式高可用、公开透明、无法作弊、不可篡改、信息安全等特性，被《经济学人》封面文章比喻为"信任机器"。

区块链防伪平台正是利用区块链的技术特性，基于开源区块链框架，自主设计研发的一个高级别的通用存证、防伪平台。此平台具有适用面广、接入简单、防伪防篡改能力强等优点。

区块链防伪平台的定位是服务于兴业银行所有具有存证、防伪需求的各类业务系统。业务系统的关键数据可通过调用平台的应用程序接口（Application Programming Interface，API）实现存证和防伪功能，从而快速提升业务系统的防伪安全级别。目前，区块链防伪平台已提供了通用的数据防伪存证、数据验证、历史记录查询、数据查验、文件查验等功能模块，以及与平台防伪服务相关的 API。

云象区块链开发的区块链数字存证平台，针对金融、保险、支付、医疗、健康、公益、物流、制造、数据和资产交易等业务中涉及的大量合同、票据、交易凭证、交收文本，由特定机构进行中心化管理和存储。由此一方面可以解决内容被篡改和重复质押等社会问题，另一方面可以解决信息不对称和业务不透明等潜在企业问题。

利用区块链的分布式高可用、公开透明、不可篡改、信息安全等特性打造的数字存证平台，具有适用面广、防伪防篡改能力强等优点。图 6-4 为金融同业业务的示意图。

云象区块链开发的区块链数字存证平台的商业价值具体体现在以下几个方面。

（1）可信数据同步。通过共识机制产生新数据，各记账节点账本数据具有分布式、真实性、实时性和一致性等特征。

（2）数据安全共享。不同节点赋予不同权限，共同创建管理数据，设有防伪存证、历史记录查询、数据验证、安全共享等功能。

（3）统一业务规则。不同功能执行不同智能合约，形成统一的业务规则和通信标准，解决记账差异和时效差异问题。

（4）快速接入。支持动态增删节点功能，根据业务发展需要实现快速接入，历史数据完整，无须重复建设。

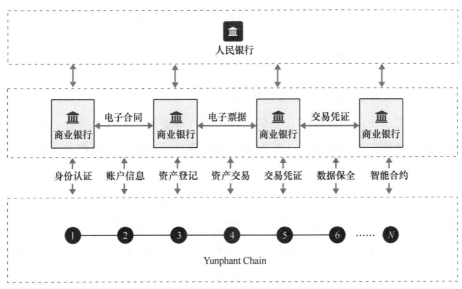

图 6-4　金融同业业务的示意图

资料来源：由云象区块链提供。

云象区块链开发的区块链数字存证平台的实际应用案例如下。

应用案例 1：云象区块链与兴业银行+中小型商业银行的区块链数字存证平台的应用项目，项目实施及完成时间为 2017 年 10 月。云象区块链开发的区块链数字存证平台利用区块链不可篡改、信息安全等特性记录电子合同关键信息，防范内部人员对合同的恶意篡改行为，以构建企业间信任机制。其中，区块链防伪平台提供了通用的数据防伪存证、数据查验、文件查验等功能模块。目前，该平台已接入多家商业银行、企业、公证处和律师事务所，存证合同数量超过 20 万份。

应用案例 2：黑名单共享。云象区块链与工商银行、农业银行、中国银行、建设银行、交通银行、兴业银行的区块链数字存证平台的应用项目，项目实施及完成时间为 2018 年 5 月。其中，区块链数字存证联盟链由多家大型商业银行组成，各银行将黑名单及相关证明信息脱敏后通过区块链网络共享，对潜在欺诈行为进行预警，防范金融风险。数字存证联盟链主要包括登记、上传、下载、查询、预警等功能，覆盖失信、逾期、疑似欺诈等多种数据类型。激励机制保证数据真实性、准确性，推动黑名单数据的可持续发展。

6.1.4 浙商银行的移动数字汇票平台

浙商银行是国内首个采用区块链技术，实现移动数字汇票平台应用的金融机构，它为企业与个人客户提供在移动客户端签发、签收、转让、买卖、兑付移动数字汇票的功能，从而为客户提供移动端的信用结算产品，提高客户资金管理效率并降低使用成本。

通过移动数字汇票平台，浙商银行的客户将可在采购收付款时使用移动数字汇票 App 中的二维码进行移动汇票的收付结算。特别是区别于传统纸质与电子汇票，通过区块链技术，移动汇票将以数字资产的方式进行存储、交易，不易丢失、无法篡改，具有更强的安全性和不可抵赖性。未来其他银行可快速接入和参与到这一业务中，并通过区块链的去中心化、去信任、天然清算等特性对资金进行实时清算，免去目前不同机构之间进行对账的第三方信用、时间成本和资本耗用，有效提升清算效率。

基于区块链技术的移动数字汇票平台将为汇票及其他应用提供更为丰富的想象空间，为后续基于区块链的金融核心业务深入发展与应用提供坚实基础。浙商银行未来将基于这一平台，逐步进行多路探索和深入拓展应用场景：一方面联合同业共同丰富移动数字汇票应用，基于区块链特性形成各同业之间账务记载的互信机制，并探索资金上链完成在线清算、结算，实现去中心、天然清算条件下的实时、无中心、低成本的清算能力，构筑多个同业参与的、各行汇票皆可流通的银行信用生态圈。另一方面依托浙商银行"易企银"平台（由银行输出风控能力，核心企业以企业承兑汇票这一企业信用作为金融流通工具，整合上下游其他企业构建金融服务生态圈），利用区块链在不同的核心企业之间形成互信机制，使得原有围绕核心企业形成的多个单一金融生态圈可通过这一平台互通互利。此外，各金融圈之间的企业信用可在这一平台上流转、流通和兑换，将多个单一生态圈聚合成一个平等的、去中心、实时清算的企业信用生态圈和企业信用交易体系。图 6-5 为浙商银行的数字汇票流程。

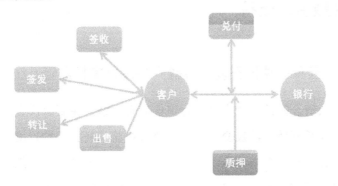

图 6-5　浙商银行的数字汇票流程

浙商银行的移动数字汇票平台的业务流程如下：

- 申请人发起移动汇票签发后，浙商银行不会从申请人账户中进行任何扣款或资金冻结；也可由收款人发起出票，由付款人扫码验证后进行支付。
- 收款人签收后，浙商银行从申请人账户扣款，并转至银行专用内部账户（待解付资金）中。
- 兑付即将移动汇票对应的资金从浙商银行专用内部账户兑付至持票人的银行账户。
- 持票人将移动汇票转让的，可以与受让人当面扫码交互完成移动汇票转让，也可手工输入受让人的收款信息直接完成转让。
- 定日付款型、票面带息的移动汇票，可由持票人将该移动汇票挂牌出售。
- 持票人可将持有的未部分兑付的移动汇票质押给浙商银行。

浙商银行利用区块链强大的清算能力与多中心化的信任机制，并将其运用于银行核心业务，还将通过这一实践验证区块链在交易成本降低、效率提升、互信度提升方面的收益，从而实现区块链作为金融系统基础价值网络的巨大技术价值与应用价值。

6.2 金融资产交易

6.2.1 云象区块链开发的金融产品发行审核监管系统

云象区块链开发的金融产品发行审核监管系统，主要解决金融产品的发行审核流程冗长问题，涉及交易中心、监管机构、托管机构、增信机构、评级机构、审计机构等多方机构。目前，与资产相关的信息多为纸质材料线下交收，存在协同效率低下，信息易被篡改、不透明、审核过程难追溯等问题。基于区块链技术构建金融产品发行审核联盟链，将各参与方对金融产品的操作记录实时上链，多方共享，不仅能避免信息不对称问题，提升协同效率，还能规范发行流程，降低发行成本。图6-6为金融产品发行审核业务流程。

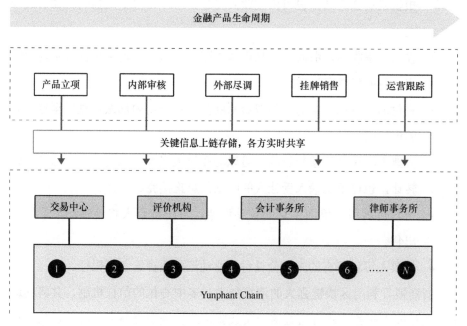

图 6-6　金融产品发行审核业务流程

资料来源：由云象区块链提供。

云象区块链开发的金融产品发行审核监管系统的商业价值具体体现在以下几个方面。

（1）提升业务效率。业务流程通过智能合约执行，责权利分明，减少人为干预，提升业务效率。

（2）降低发行成本。基于分布式总账技术，保证各参与方数据实时性、一致性，减少重复审核。

（3）支持监管追溯。业务合约支持事中监管，且产品全生命周期信息、历史操作记录链上存证，可供追溯。

（4）拓展销售渠道。产品数据透明可信，便于跨区域销售，有利于获取资产的市场公允价值。

云象区块链开发的金融产品发行审核监管系统的实际应用案例具体如下。

云象区块链开发的金融产品发行审核监管系统的合作单位为浙江金融资产交易中心（以下简称浙金中心），项目实施及完成时间为 2018 年 9 月。该联盟链由浙金中心相关部门、会计师事务所、评级机构、律师事务所等组成，不同节点具有不同的操作权限，并通过智能合约技术简化业务流程。

浙金中心是在浙江省委省政府的指导和大力支持下设立的综合性金融资产及相关产品的专业交易平台，提供包括不良资产处置、委托债权、各类资产项目撮合、私募股权交易转让、信托产品交易转让、债券产品交易、产业投资基金等金融品种的挂牌、销售、流通转让、托管登记、交割结算等服务。

各类金融产品在销售前都会进行严格的审核，对于某一特定标的而言，由于参与部门多、资料繁杂，所以大量纸质材料通过邮件或线下交收存在信息不对称、各部门的协同及与外部企业的协作效率低下等问题。

基于区块链技术的发行审核监管系统具有数据实时同步、安全共享、防篡改可溯源等特性，能够帮助浙金中心进一步优化工作机制，提升产品发行效率，为产品管理提供审议和决策依据。

6.2.2　云象区块链开发的区块链股权交易平台

云象区块链开发的区块链股权交易平台，主要解决由于中心化股东名册缺乏透明性与真实性、非上市公司股权的唯一性证明依赖工商局事后的权利公示问题。原有股权交易机制存在重复审核、低效、加大投融资双方交易成本的问题，不利于股权流通。利用区块链技术可构建可信、规范、自治的分布式股权登记交易平台，实现低摩擦的股权登记、存管及交易，减少人为干预，降低投融资成本，拓展股权退出渠道，简化和规范监管流程，打造高效可信的投融资环境，为中小企业发展赋能。

区块链股权交易业务示意图如图 6-7 所示。

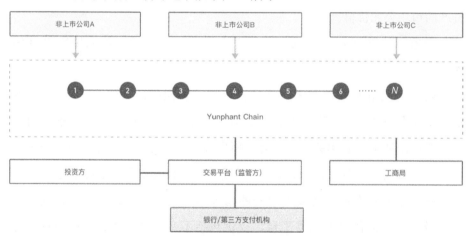

图 6-7　区块链股权交易业务示意图

资料来源：由云象区块链提供。

云象区块链开发的区块链股权交易平台的商业价值具体体现在以下几个方面。

（1）可信投融资环境：基于区块链完整呈现公司从注册到 IPO 的完整股权变更过程，且公开、透明、真实可追溯，有利于企业融资与保护投资者权益。

（2）提升投融资效率：区块链记录公司整个生命周期，数据不可篡改，便于各方查询验证，以避免出现不必要的重复审核，并省去大量线下流程。

（3）拓展股权退出渠道：区块链股权登记交易系统由各参与方共同维护，避免信息不对称，为股权提供更宽广的退出渠道，使股权流通更便利。

（4）建立规范监管体系：区块链规范股权登记及交易流程，有效降低监管成本。股权登记由公司自治，监管机构专注经营监管。

云象区块链开发的区块链股权交易平台的实际应用案例如下。

云象区块链开发的区块链股权交易平台的合作单位为香港交易所，项目实施及完成时间为 2017 年 5 月，该联盟链由监管机构、交易机构、非上市公司、第三方服务机构及金融机构组成。基于区块链技术，此平台将非上市公司的股权登记、变更、转让、期权激励、虚拟股权等数据上链，确保信息记录公开、透明、真实、可追溯，避免投融资双方信息不对称及重复质押，从而改善企业融资环境，提升融资效率，降低投资机构授信成本，提升股权流动性。

6.3　供应链金融

6.3.1　云象区块链开发的供应链金融服务系统

云象区块链开发的供应链金融服务系统，通过区块链技术构建产业链信任基础，实现产业链中无隐私泄露的可信数据交换；围绕核心企业对上下游企业的信用进行传递，支持资金方穿透式监管，进而解决中小企业融资难的问题；帮助更多产业链上的中小企业享受普惠金融服务，助力整个生态圈的健康发展。云象区块链的供应链金融业务流程图如图 6-8 所示。

云象区块链开发的供应链金融服务系统的商业价值具体体现在以下几个方面。

（1）生态圈协同：构建核心企业间、核心企业与中小企业间的信任基础，实现生态圈资金与资源优势互补。

（2）融资：实时安全共享真实准确的交易信息，通过核心企业信用背书，解决中小企业融资难问题。

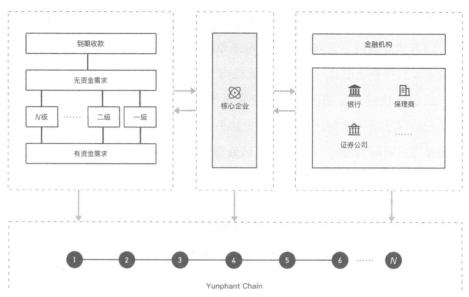

图 6-8　云象区块链的供应链金融业务流程图

资料来源：由云象区块链提供。

（3）穿透式监管：不可篡改的分布式数据库存储，支持事中监管与事后追溯，促进企业间信用健康有序发展。

（4）产业链升级：通过区块链价值传递，引导资金服务实体产业构建分布式商业形态，发展分布式经济。

云象区块链开发的供应链金融服务系统的实际应用案例具体如下。

泽金供应链金融平台：云象区块链与深圳市前海泽金互联网金融服务有限公司合作开发该平台，项目实施及完成时间为 2018 年 6 月。该平台以多家核心企业作为共识节点，以核心企业的上下游企业作为记账节点，通过联盟链方式构建产业协作平台，以不可篡改的分布式数据库真实有效地记录企业间交易信息。权限控制、隐私保护和加密技术保障数据安全高效地流转。通过核心企业的信用背书，帮助中小企业解决融资难、融资贵问题，提升资金流转效率，降低全生态企业的融资成本，为金融机构和核心企业提供更多可信场景。

6.3.2　云象区块链开发的区块链互联网支付

在传统的交易模式中，记账过程是交易双方分别进行的，不仅要耗费大量人力物力，而且容易出现对账不一致的情况，影响结算效率。同时，传统清算业务环节太多，清算链条太长，导致清算流程耗时过长，对账成本居高不下。另外，清算中心过于集中，存在技术上的单点风险。基于区块链技术可以实现准实时的交易（清算功能），提升现有金融系统的清/结算效率。通过区块链系统，交易双方或多方可以共享一套可信、互认的账本，且所有的交易清结算记录全部上链可查，安全透明、不可篡改、可追溯，可极大地提升对账准确度和效率。通过搭载智能合约，交易双方或多方还可以实现自动执行的交易清结算，从而实现交易即清算，大大降低对账人员成本和差错率，极大地提升清算的效率。在某些交易频度不高、业务实时性关联度不强的场景下，区块链完全可以满足清算业务的需求并且极大地优化现有的流程。

通过区块链平台，可以绕过中转银行，减少中转费用。同时，凭借区块链安全、透明、低风险的特性，提高了汇款的安全性，以及加快结算与清算速度，大大提高了资金利用率。每个银行都会有自己的清算系统，用户在支付和转账时，就会在银行间形成交易，分别被两个银行记录，这就涉及银行间对账和结算的问题。根据麦肯锡的测算，区块链技术可以将跨国交易的成本从每笔 26 美元降低到 15 美元。高盛也在一份报告中指出，区块链技术将为资本市场每年节约 60 亿美元的成本。

相关案例：微众银行设计了基于区块链的机构间对账平台，利用区块链技术将资金信息和交易信息等上链，并建立公开透明的信任机制，优化了微众银行与合作行的对账流程，降低了合作行的人力和时间成本，提升了对账的时效性与准确度。通过基于区块链的机构间对账平台，机构间可共建透明互信的区块链账本，交易数据只需秒级即可完成同步，能快速生成准确可信的账目数据，从而实现了 T+0 日准实时对账、提高运营效率、降低运营成本、增强对账透明度与提升信任度等目标，且业务符合现有监管法规要求。

自此对账平台 2016 年 8 月底上线以来，上海华瑞银行、长沙银行、洛阳银行等相继加入其中，记录的真实交易笔数已达千万量级。

云象区块链开发的区块链互联网支付，是通过移动支付系统+互联网支付系统，组合形成第三方支付产品，定位于 B2C、B2B 等多种支付场景，可灵活对接多家银行、第三方支付公司，支持多级商户体系及丰富的支付产品（账户支付、快捷支付、预付卡支付、网银支付、信用支付、积分支付、担保支付、组合支付等），并为用户提供安全、便捷、完善的移动钱包 App，实现转账、扫码支付、手机充值、收发红包、便民缴费等应用。

关于云象区块链开发的区块链互联网支付的商业价值具体体现在以下几个方面。

（1）支付平台。支付平台是集线上、线下、移动、二维码等多渠道收单功能于一体，整合各类商户管理的统一收单平台。

（2）商户服务。商户服务是为支付收单产品或其他第三方支付收单平台的商户提供移动、互联网渠道的各类商户增值服务平台。支付服务基于电子账户封装的互联网用户体系，目前实现了拥有账户、支付、缴费、理财、生活圈、红包、卡券等增值服务。

（3）支付通道。支付通道定位于打造机构统一资金通道，实现了前后端系统的交易管理和交易智能路由。云象区块链开发的区块链互联网支付产品的业务流程如图 6-9 所示。

6.3.3　供应链溯源：汽车身份标识管理

随着传统产业智能化转型升级，供应链溯源的应用越来越广泛。工业生产过程中涉及物理对象、数字及其关联信息等环节的数据蕴含着巨大的价值，通过唯一的数字化标识将这些数据收集和交互，能够为企业提高效率，为智能制造提供辅助决策支撑。

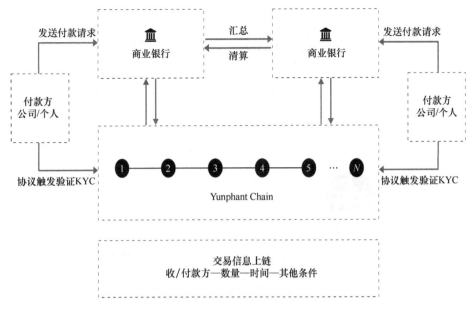

图 6-9 云象区块链开发的区块链互联网支付产品的业务流程

资料来源：由云象区块链提供。

将区块链引入供应链溯源的标识领域将有效实现该领域的革新。基于区块链技术的供应链溯源是一种多方共同维护、数据一致存储、防止抵赖的记账技术，具有强透明性的特点，借助工业区块链能够让全路标识信息实现标准统一和高效率交换。利用区块链时间戳、共识机制、不可篡改等技术优势，能够全方位保证产品的追溯性，实现产品的全生命周期监控；并且能够根据标识快速追溯产品的应用情况、所处位置、流转历史信息，保障无论在哪个环节出现问题都有据可查。此外，区块链的数据存储在分布式链结构中，确保多重备份，提升了标识系统容错性和安全性。

在传统汽车生命周期中，从生产、销售维修、二手交易到金融服务，关于整个车辆的数据分别由不同环节参与方记录和存储，形成很多信息孤岛。某国外知名汽车品牌和上海唯链科技共同开发了基于工业区块链的汽车身份标识管理平台，旨在解决汽车产业链信息不对称的问题，让数据实现互通共享，打通车联网的数据生态，如图 6-10 所示。

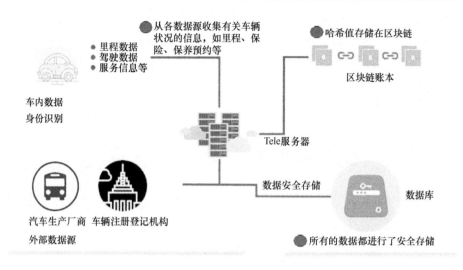

图 6-10 某国外知名汽车品牌和上海唯链科技共同开发的汽车身份标识管理平台

资料来源：由上海唯链科技提供。

该汽车身份标识管理平台基于工业区块链为每辆车配备唯一且不可篡改的身份标识，连同行车电脑内置于汽车中。基于区块链的去中心化特性，在车辆的全生命周期中的各参与方，包括汽车制造商、经销商、经销 4S 店、维修商监管机构、金融服务提供商（保险公司、银行）等各参与方均可使用该平台基于区块链的汽车身份标识共同维护一个车辆信息账本，记录车辆基础信息、维修保养信息、驾驶行为信息、保险信息等，并将所采集的信息在VeChainThor 区块链上进行哈希存储，保证信息真实、不可篡改，以及通过签名授权共享，以打破行业信息孤岛。

基于区块链的密码学算法，该汽车身份标识管理平台实现了采集信息原始数据链下存储、哈希链上共享。车主仅需记住唯一的基于区块链的去中心化身份标识账户信息（DID），便可在多个参与方完成身份认证，同时解决了数据确权问题。车主依托数字化的身份标识和密钥，可控制第三方对数据的读写访问权限，在不失去数据控制权和所有权的前提下进行数据共享，并对数据共享范围进行有效约定，避免第三方获取数据后滥用、盗用及挪作他用。区块链提供的可信数据也让二手车买家、保险公司、银行降低了数据审核验证成本。当车辆售出后，身份标识的所有权也随之转让给新车主。

6.3.4　区块链电子发票

区块链电子发票是指发票的整个流转环节都是在区块链这个分布式计算处理载体下运行的发票。从发票申领、开具、查验、入账等流程实现链上储存、流转、报销。区块链电子发票具有全流程完整追溯、信息不可篡改等特性，与发票逻辑吻合，能够有效规避假发票，完善发票监管流程。区块链发票将连接每个发票干系人，可以追溯发票的来源、真伪和入账等信息，解决发票流转过程中一票多报、虚报虚抵、真假难验等难题。此外，还具有降低成本、简化流程、保障数据安全和隐私的优势。

区块链电子发票还有一个显著的特点是没有数量、金额的限制。也就是说，一家公司如果业务够好，业务形态多样，那么采用区块链电子发票的方式再合适不过了。这省却了发票不够用时要向主管税务局申请发票增量、金额不合适时要申请改变发票版本等麻烦事。

2018 年 8 月 10 日，深圳国贸旋转餐厅开出了全国首张区块链电子发票。2018 年 8 月 17 日，京东集团与中国太平洋保险集团联合宣布全国首个利用区块链技术实现增值税专用发票电子化项目正式上线运行，并通过区块链专票数字化应用，推动双方互联网采购全流程电子化，打造高效、透明和数字化的采购管理体系。

2018 年 11 月，深圳区块链电子发票正式在全球零售企业沃尔玛应用；12 月，微信支付商户平台正式上线区块链电子发票功能。2019 年 8 月，腾讯还推出"发票夹"应用，基于企业微信平台，实现电子发票电子化、移动化报销。

腾讯区块链作为区块链电子发票的底层技术提供方，为用户提供开具区块链电子发票的通用入口——结账后即可通过手机微信自助申请开票，一键报销，发票状态信息同步至企业和税务局，进而达到"交易即开票，开票即报销"。

在深圳税务局的配合下，腾讯区块链打造出了"双层三高"的定制性架构。"双层"是指由税务局核心节点+各种业务节点一起组成的"双层链"，"三高"是指"高安全、高可用、高性能"三大特性——可实现大规模组网，支持千万级企业参与、数亿级用户使用。

2019 年 10 月 29 日，腾讯、中国信通院和深圳税务局联合代表中国在 ITU-T SG16 Q22 会议上首次提出《基于区块链分布式账本的电子发票通用框架》（*General Framework of DLT Based Invoices*）标准立项，获得了成员的支持，顺利通过新标准立项。简单来说，这个立项的通过，标志着区块链发票的标准起草工作正式启动。接下来，腾讯、中国信通院和深圳税务局将代表中国主导制定区块链发票的标准工作，包括草案讨论、修订直至标准发布。

目前，区块链发票已覆盖 100 多个行业，接入企业超过 5 300 家，已被广泛应用于金融保险、零售商超、酒店餐饮、停车服务等行业，开具区块链发票累计超过 800 万张。

第 7 章

区块链在实体经济领域的应用

7.1 区块链+物联网

物联网扩展了互联网连接，不仅覆盖计算机和众多用户，还覆盖大部分环境。物联网可以同时连接数十亿个对象，从而对改善信息共享需求产生影响，并且改善我们的生活。

虽然物联网的好处是无限的，但由于物联网的集中式服务器及客户端的模式，在现实世界中采用物联网面临着许多挑战。例如，由于网络中物联网对象数量过多而引起的可扩展性和安全性问题。服务器及客户端的模型要求所有设备通过服务器进行连接和身份验证，从而创建了单个故障点。因此，将物联网系统移入分散化轨道可能是正确的决策。使用区块链目前是比较合适的解决方案之一。

区块链是一种强大的技术，可分布式计算和管理流程，可解决许多物联网问题，尤其是安全性问题。区块链和物联网的结合可以提供一种强大的方法，可以显著地为新的商业模式和分布式应用铺平道路。以下简要介绍一些当前区块链和物联网有效结合的应用案例。

7.1.1　IOTA 智能加油站

IOTA 是快速交易结算和数据完整性的协议，带有一个 Tangle 分类账，无须昂贵的挖掘（交易验证）。IOTA 是需要处理大量微数据的物联网设备的基础设施。Tangle 分类账是支持 IOTA 的分布式分类账，其特点是机器对机器通信、免收费小额付款和有量子抗性数据。IOTA 已经建立了一个传感器数据市场，并在 20 多家全球公司的支持下进入数据驱动洞察市场。

IOTA 可能被认为又是一种山寨币，但事实是 IOTA 远非一种山寨币，它超越了区块链技术，是区块链技术的延展。IOTA 是基于缠结（Tangle）而非区块链技术。

IOTA 是为物联网而设计的一个革命性的新型交易结算和数据转移层。它基于新型的分布式账本——Tangle（缠结）。Tangle 能够克服现有区块链设计中的低效性，并为去中心化 P2P 系统共识的达成创造了一种新方法。通过 IOTA 进行转账不需要支付手续费，同时无论是多小额的支付都能通过 IOTA 完成。

Tangle（缠结）是基于定向非循环图（DAG）的，而不是一种连续的链式架构，定期添加区块。通过 DAG，IOTA 能够实现较高的交易吞吐量（通过平行验证），并且不收取交易手续费。随着 Tangle 的不断发展，越来越多的参与者都将发起交易，整个系统也会变得越来越安全和快速，确认时间会缩短，交易也会完成得越来越快。

区块链共识是通过一个非常严格的机制完成的，区块链中添加下一个区块需要多方进行竞争，并需有区块奖励或交易手续费。正因如此，共识和交易生成是分离开的，并且由网络中的一小部分人来完成，通常会设置较高门槛（就像比特币一样），这样会导致进一步的中心化。

在 IOTA 系统中，网络中的每位参与者都能进行交易并且积极参与共识。更具体点说，你直接定位了两笔交易（主交易和分支交易），且间接在子 Tangle 中定位其他交易。通过这种方式，验证就能同步进行，而网络完全去中介化，不需要矿工传递信任，也不需要支付交易手续费，且能够保持交易结算和数据的完整性。通过 IOTA 的功能衍生出的大部分用例都是很有意义的，而且大多数情况下只能通过 IOTA 来实现。更多功能（如 Oracles 和智能合约等）已经在发展计划中，不久将会正式添加进来。

IOTA 主要致力于物联网，通过机器支付资源、服务或许可，包括智能城市、智能电网、基础设施、供应链等在内的用例都是 IOTA 可能实现的目标。

IOTA 总供应量为 2 779 530 283 277 761 个。所有 IOTA 都是在初始块创建的，总数不变，也不用开采，IOTA 是非通货膨胀的。

7.1.2　唯信工业企业生产安全数字化管理平台

苏州唯信智能科技（以下简称唯信）基于工业区块链，与物联网、身份认证、生物识别、大数据分析等先进科技相结合，建设"工业互联网+安全生产"数字化管理平台，可以从源头上提升企业安全生产工作的治理能力。利用区块链节点自动同步机制，企业将人员的操作流程和作业数据、设备和物资的状态数据等安全生产要素上链存储，且确保数据真实完整，并通过安全生产风险模型算法和可视化工具实时呈现，提升了自动化的安全监督管理水平，有效堵塞管理漏洞，从而降低了事故风险。借助区块链防篡改、可追溯的技术优势，可降低"事后管理"中安全事故回溯查证成本，可以实现安全作业全过程穿透式监督和多维度复核检查，并支持政府部门/第三方监管审计；同时，通过对风险事故原因的取证分析也有助于帮助企业进一步增强安全生产风险防范和提升管理水平。

唯信推出的唯信工业企业安全生产数字化管理平台，以轻投资、轻启动、区块链技术结合专业培训为特点，旨在为企业用户提供一套有效抓手，加强自身安全风险管理水平。该平台以国际先进的工业企业安全与可持续管理方法论为指导，围绕人员、设备、生产、仓储、物流、环境等方面，结合不同行业特点和安全等级要求，可精准、快速地为工业企业定制详细的安全生产自我检查清单，帮助企业搭建权威、可信、经过行业验证的安全生产自我风险评价体系，提升其安全生产控制水平。唯信工业企业生产安全数字化管理平台如图 7-1 所示。

操作数据
文本数据
传感器数据
录音数据
视频/图片数据

同步　加密　长期　评分
基于区块链的生产安全数据化管理平台
数据的获取

数据的使用

企业内部管理
客户展示
第三方外审
政府监管

Web/PC端　　移动端　　API/SDK端　　物联网硬件

图 7-1　唯信工业企业生产安全数字化管理平台

资料来源：由苏州唯信智能科技提供。

企业根据自我检查清单的每项数据要求，通过客户端、API 接口或专业智能传感器等将与安全生产相关的结果及数据证明实时录入唯信系统，并通过哈希算法上传至区块链存证，打上时间戳，防止人为篡改。唯信依据链上存证的相关结果及数据证明，借助人工智能和大数据分析技术，通过专业算法模型得出企业当前的安全管理状态评分，并实时系统化地呈现给各利益相关方。

企业以此建立安全管理系统，提高企业内部跨部门协作效率，并通过智能合约触发的风险预警随时定位问题，开展审查和改进。各级政府可以实时掌握某一企业组织内部任何部门的安全生产管理状态，并对不达标的企业提出整改要求；也可以对安全事故的损失、原因和责任主体等进行快速追溯和认定，降低了安全事故查证成本。此外，检查结果的输出可以有效转化第三方独立外审的输入，第三方认证机构可以独立地对存储在区块链上的客观数据进行验证，判断是否符合安全管理认证要求，帮助企业完善安全管理水平。

唯信工业企业生产安全数字化管理平台，可以广泛应用于化工、钢铁、有色、石油、石化、矿山、建材、民爆等行业，有力地保障了企业安全风险自我评估的信息透明，实现了跨企业、跨部门、跨层级的协同联动，加速风险消减和应急恢复，降低了安全生产管理成本。

7.1.3　可持续的时尚服务

根据麦肯锡公司的数据，超过 60%的时尚行业相关者认为可持续材料将成为主流，而消费者对环保产品的热情也随之高涨，在麦肯锡与 BoF 联合发布的另一份《全球时尚业态报告》中显示，42%的千禧一代希望在购买前了解产品的原料和生产方式，体现了他们对社会和环保事业的热情和责任感。

当下，不少品牌已经付诸行动，在纯天然原料、零废料生产、循环回收面料、无污染流水线等可持续领域寻觅创作灵感，并将其编入自身的产品故事，以此吸引拥有相同理念的新客户。2019 年 10 月，开云集团宣布包括 Chanel、杰尼亚集团等 60 多家企业加入了其在 2018 年发布的"时尚公约"，希望通过共同的努力，来减少时尚行业对环境的影响。尽管如此，即便是这些已经走在可持续时尚前沿的品牌，也不可避免地面对来自消费者市场的巨大挑战。

某伦敦设计师品牌早在 2020 年 2 月巴黎时装周展出了首批经由 VeChain Tool Chain™追溯的设计作品，而 2020 年 9 月推出同样经由该产品追溯的全程绿色生产的限量版双面可戴格子亚麻口罩。该口罩的生产全程绿色无公害化。唯链区块链技术保障了信息的不可篡改，帮助企业提升了所有可持续性生产环节的透明度。唯链科技为客户提供的可持续时尚服务如图 7-2 所示。

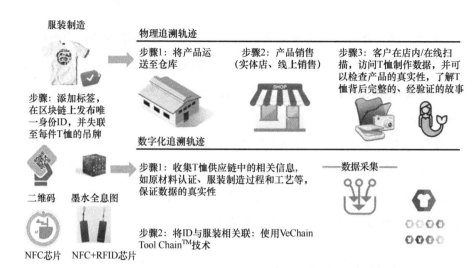

图 7-2　唯链科技为客户提供的可持续时尚服务

资料来源：由上海唯链科技提供。

当区块链技术被引入可持续时尚服务中时，回收材料追溯、品牌碳足迹、供应链透明度等话题都将拥有全新的面貌。唯链致力于为品牌提供轻投资、轻开发、简单易用的区块链技术解决方案。一站式区块链数据服务平台VeChain Tool Chain™配备的标准模板、数据呈现模块和定制化工具，能为品牌打造最贴合需求的追溯流程，帮助品牌记录碳足迹，快速构筑与消费者之间的长期信任纽带。

7.2　区块链+大数据

每个人每秒生成 1.7MB 的数据量，普通互联网用户每天产生 1.5GB 数据，自动驾驶汽车每天产生 4TB 数据，互联飞机每天产生 40TB 数据，智慧工厂每天产生 1PB 数据。云存储的兴起导致几乎所有企业系统、物联网设备和整个互联网产生的数据呈指数级增长。然而，仅仅拥有数据并不意味着企业可以从数据中获取有意义的见解。因为数据的价值通常取决于数据的完整性和有效性，这也是大数据中需要解决的关键问题。解决这个问题的办法有一个意想不到的来源：区块链。区块链有望解决大数据的归属问题，使每个人都能发掘自己数据的价值，让数据"取之于民，用之于民"。

区块链和大数据的集成有可能提供各种令人兴奋的机会，并解决大数据面临的一些挑战。区块链技术为大数据提供了多种解决方案，特别是在不可变条目、共识驱动的时间戳、审计跟踪和对数据来源的信心方面。这意味着，通过区块链，企业和组织可以从大数据中捕获、存储、分析和生成有价值的见解。

7.2.1　数据隐私和确权：Zyskind

以下介绍 Guy Zyskind 和 Oz Nathan 等人提出的针对数据所有权、数据透明性、可审核性和细粒度的关于访问控制的解决方案。该解决方案是一个访问控制管理系统，主要解决移动平台及用户无法撤销对私有数据授予的访问权限的问题。通过安装移动应用程序，可以无限期地授予权限，并且如果用户想撤销访问权限，则必须卸载该应用程序并停止使用服务，其目标是使用户能够控制和审核存储哪些数据及如何使用它们。访问应该是可撤销的。因此，此解决方案的技术思想是将对个人数据的访问策略存储在区块链上，然后让区块链节点适度访问分布式哈希表（Distributed Hash Table，DHT）。

该解决方案由三个实体组成：用户、提供服务的公司和区块链。当用户想要授予或撤销其个人数据的访问权限时，区块链将以调度员的身份进行响应。此处，区块链支持两种交易类型：用于访问的交易和用于数据的交易。这些事务类型允许访问控制管理、数据存储和数据检索。当用户安装新的应用程序时，将创建一个共享的身份，并根据用户的意愿将其与配置的权限一起发送到区块链。所有授予的权限在所谓的策略中列出。共享密钥（用户的公共密钥和服务的公共密钥）和策略是通过区块链中的访问事务发送的。

比特币的区块链使用公钥身份机制。系统中的所有节点都有公钥，也称为地址。通过识别地址，用户可以使用化名来保持匿名。在提出的系统中，引入了新的复合身份。复合身份是用户和服务之间的共享身份。用户是密钥的所有者，服务是访客。复合密钥由双方的签名密钥对组成，因此可以保护数据免受系统中其他所有非授权方的侵害。敏感的用户数据使用共享的加密密钥进行加密，并随数据事务一起发送以进行存储。区块链将数据发送到 DHT 上存储，并仅保留哈希值作为指向数据的指针。DHT 上设置的值由复合密钥加密。用户和服务知道指向该值的指针。DHT 仅完成已经批准的读取和写入功能。用户和服务都可以使用指向数据的指针来查询数据。

每次服务访问数据时，都会根据上次访问事务检查其权限。用户可以随时通过启动新的访问事务来撤销权限，也可以对其进行修改。为此，可以轻松开发一个显示用户当前权限的 Web 仪表板。Zyskind 去中心化权限系统如图 7-3 所示。

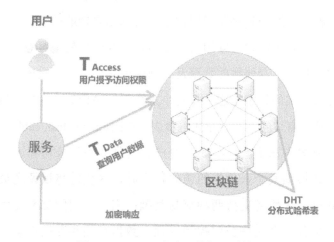

图 7-3　Zyskind 去中心化权限系统

控制任意数量 DHT 节点的对手都不会损害敏感数据的隐私，因为它们是经过加密的。如果对手仅获得密钥之一，则数据仍然是安全的。由于个人数据不是集中存储的，因此不需要中央机构的信任。此外，代替直接访问，该系统可以使用安全的多方计算 MPC 协议。这将是一种更好的方法，它将直接在网络上运行计算并获得最终结果，而不是原始数据。服务请求的所有交易都是可追溯的，因此用户可以审核访问的频率。

7.2.2　纸贵科技版权存证系统

纸贵科技基于自主开发的联盟链底层技术，研发具有自主知识产权的企业级版权联盟链解决方案——纸贵科技版权存证系统。该系统通过区块链重塑版权价值，打造可信任的版权数据库及数字化版权资产交易平台，并提供侵权监测、法律维权、IP 孵化等相关服务。

纸贵科技版权存证系统基于纸贵科技的许可链 Z-Ledger 打造，Z-Ledger 在 Fabric 核心框架的基础上，进一步自主研发商用许可链底层及配套工具集，包括区块链底层系统、SDK、浏览器、运维平台等产品，可覆盖更丰富的企业或消费者场景。纸贵科技版权存证系统针对版权业务特点，在 Z-Ledger 基础上定制设计了区块链版权产品，打造具有特色的功能模块。例如，基于 PKI 体系的身份注册与身份验证模块，引入版权局、公证处、内容平台等生态参与方成为区块链网络节点；区块链浏览器模块将用户授权的版权确权、侵权存证等数据公开，向用户提供链上信息查询服务；预言机模块确保侵权存证过程可信；SDK 与 API 接口模块方便有需求的组织和个人快速参与到纸贵版权生态中。此外，纸贵科技版权存证系统通过加入可插拔的功能模块，使产品架构能够很好地满足业务需求。

纸贵科技版权存证系统如图 7-4 所示，可以分为四层，从下至上分别为资源层、技术层、应用层、业务层。资源层提供上层业务开展所需要的主机、存储、网络等资源；技术层主要为区块链模块的技术实现，包括智能合约、身份服务等；应用层主要提供版权存证、侵权存证等服务；业务层主要面向内容平台、个人用户，以及司法、公证机构等版权业务各方参与者。

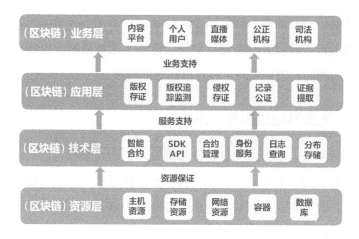

图 7-4　纸贵科技版权存证系统

资料来源：由纸贵科技提供。

7.3　医疗、工业、能源、农业领域的应用案例

7.3.1　医疗：Pokitdok 和临床试验管理

1. Pokitdok 医疗保健服务平台

Pokitdok 为医疗保健垂直行业开发 API，包括医疗报销、药房和身份管理。它为各种来源的患者数据提供了一个安全的网络。

Pokitdok 的使命是通过将电子商务经验带入医疗保健给患者提供更为全面的服务。Pokitdok 解决了医疗领域的两个主要障碍：阻止信息自由交换的数据孤岛，以及无法容纳现代医疗应用程序和服务的传统基础架构。

目前，其 API 平台即服务已经直接接入 700 多个商业合作伙伴，可以大规模访问实时交易数据。这意味着患者或客户可以用更少的时间开发新的医疗保健应用程序和服务，并少了很多麻烦。

Pokitdok 医疗健康理赔管理系统如图 7-5 所示。

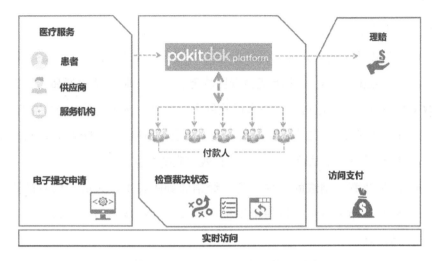

图 7-5　Pokitdok 医疗健康理赔管理系统

该系统的优势在于：

（1）Pokitdok 理赔管理套件可快速、轻松地自动执行理赔流程，提高原始理赔率，最大限度地减少收入流失，并减少无用的人工程序。该工具可实现电子提交、管理付款，以及检查实时状态和处理当前正在处理的理赔。

（2）Pokitdok 的理赔管理套件能够定期工作，并定期进行理赔的整理和分析工作。Pokitdok 的理赔验证技术可以在提交申请之前标记出问题区域。

（3）通过电子方式提交索赔，客户可摆脱接收无休止的传真、电话和电子邮件的循环，而这些传真、电话和电子邮件使医疗发票变得更加复杂。

（4）Pokitdok 的实时理赔状态检查很容易，将请求发送到 Pokitdok 的区块链上，这里连接了 700 多个付款人，可以在几秒钟内收到响应。

（5）使用 Pokitdok，付款人的答复和 ERA 都连接到相应的理赔文件。这是使客户能够更轻松地监视和管理应收账款的一种很好的方式。

2. 国外某药企临床试验供应链平台

国外某药企与唯链达成合作，共同开发用于临床试验供应链的全面追溯解决方案。该方案旨在为提升临床研究用药管理的数据透明度、有效性和可追溯性提供保障，从而使该药企、医院和终端消费者之间的实时价值链管理效率得到极大的提高。

唯链为该药企提供其自主研发的优质 VeChain Tool Chain™ BaaS（区块链即服务）数据平台，基于唯链雷神区块链技术，为临床试验产品构建自己的数字解决方案，快速搭建了临床试验供应链平台。该解决方案的特点有：

- 每种医疗产品在唯链雷神区块链上均已注册唯一 VID 标识，持续采集和跟踪临床试验产品的全部有效供应链数据。

- 从生产商、制造商、供应商、经销商到医院工作人员，供应链的关键利益相关方都可以使用手机应用或其他终端添加、更新及检查产品信息。

- 物联网驱动的冷链模块可以记录医疗产品在整个生产流程中的实时温度信息。

该数据平台使用 NFC 传感器设备采集药品从制药厂、仓储到物流，再到医院接收药品过程中的温度、湿度信息，并使用 NFC 设备内嵌的自研压缩算法对温度和湿度数据进行优化压缩，以提高数据传输的速度和效率（见图 7-6）。其后通过多层哈希算法对设备 ID 及采集数据的状态信息进行校验，确保原

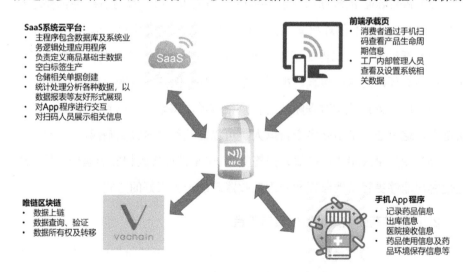

图 7-6　国外某药企临床药品管理平台

资料来源：由上海唯链科技提供。

始数据真实可信，并将校验通过的数据自动上传至区块链存证。制药企业和医院可以通过该平台全程追溯临床药品的流通过程，消除药品在生产下线后的追溯盲区，避免因流通环节产生药品安全问题。

因传感器采集的数据客观真实，而工业区块链加密的信息带有时间戳和用户标识，且不可更改，所以杜绝了人为造假、篡改数据的可能性。一旦用户的数字信息和实际情况不匹配，管理平台将迅速反映并报告不当行为，帮助制药企业及时追查问题，第一时间制定整改措施。该平台有助于提升临床药品供应链环节中的透明度和安全性。

此外，该数据平台还支持界面输入、系统对接、文件导入、物联网终端设备读取等多种追溯信息采集方式，并对重要节点进行权限划分，确保信息交互安全性。操作人员可通过移动端或 PC 端进行身份验证，并灵活读取和查验信息。

7.3.2　工业：SKUChain 云供应链平台

SKUChain 的云服务将采购和合同管理、融资安排、企业对公司付款的直接控制和库存跟踪以可建立的方式联系起来。其结果是形成了一个流动的供应链，数据实时流向下游，早期支付以一种减轻风险的方式从新的资金池流向上游。与其脆弱和低效的前身不同，流动性供应链有以下特点：

- 通过数字资产建立采购订单、发票或公司支付的真实性和可融资性，如 DLPC 没有烦琐的个别企业与银行之间的点对点联系，或者遵循传统银行产品和支付流程的僵化流程。
- 向生态系统中的每个参与者提供对单个数据字段共享的加密控制，以便数据和文档能够以保密的方式共享。
- 通过银行级会计，跟踪原材料的转化至成品。

就像互联网催生了电子商务一样，区块链为协同商务提供了基础，在这种基础上，企业能够独一无二地携手合作，在实现利润的同时，还能将控制权扩展到整个供应链。

在 SKUChain，EC3 平台通过专注买家和他们的供应链的现实世界的需求来鼓励无缝接入。该平台的基础是一个 CRP 或协作资源规划系统，该系统允许参与者彼此协作，就好像他们共享 ERP 系统一样，同时保持所需的数据隐私水平。这个 CRP 系统是通往 SKUChain 全面供应链管理应用程序套件的门户，这些应用程序是为最大的灵活性和可伸缩性而设计的。使用这些工具，企业可以在所有合作伙伴的生产过程和库存采购中进行细粒度控制。这些工具可以打开深层的信息，获得整个生态系统的融资和保险机会。在增加这些新的供应链能力的同时，企业也在大规模地削减成本和提高效率。

SKUChain 于 2014 年成立于硅谷，由系列企业家、供应链专家、贸易和国际发展资深人士及世界级的区块链创新者和工程师组成，创造了实现雄心勃勃但实用的供应链转型的历史纪录。目前已在航空航天、汽车、能源、电子、采矿和矿产、粮食和农业、金融服务、保险和大宗商品行业部署了相关的解决方案。使用 EC3，可以帮助客户解决以下问题。

- 能见度：SKUChain 平台的基础是使用字段级加密的安全数据共享。通过这项技术，所有客户能够收集数据并跟踪多个供应链层次的库存，加强对生产计划，以及原材料的来源和质量的控制。

- 现金流量：扩大库存控制和金融、海上和货物保险以及区块链上的信用保险机会，SKUChain 以供应链中资本成本最高的价格向供应商提供了营运资本减免额和现金流。买方反过来减少供应商风险，向其供应链注入流动性，降低货物成本。

- 复原力：SKUChain 制订了战略采购计划，以减少供应链无法采购对生产过程至关重要的组件的风险。

- JIT 灵活性：SKUChain 的 Popcode 和组合智能合约应用技术通过区块链进行集成，以协调库存移动和供应链交易，防止仓库和资产负债表上的库存过剩。

7.3.3　能源：互动式电网和能源即服务

1. 互动式电网：TransActive Grid

TransActive Grid 于 2016 年 3 月 3 日在美国纽约成立，由绿色能合作成立。创业公司 LO3 Energy 与去中心化应用 TransActive Grid 首次在能源支柱公司 ConsenSys 中应用以太坊区块链技术和智能合约，建立基于分布式能街的交易体系，交易的数据由 TransActive Grid 公司提供的设备完成，设备的硬件主要是智能仪表，软件主要是区块链智能合约。公司首先在布管克林地区构建居民之间安全、自动的 P2P 能源交易和支付网络。

TransActive Grid 和 LO3 Energy 公司旗下的另一个项目是布鲁克林微网系统的有效协同，将支付基础设施和分布式电网系统有效结合，引入分布式社区电网。这一去中心化的改进也是为了响应纽约在 2014 年 4 月颁布的能源改革愿景，将原有的中心化电网逐步改建为去中心化网络架构。纽约州经常因为飓风破坏中心电网而导致大规模停电，分布式电网传输和交易系统可以有效解决这一问题。

区块链技术在 TransActive Grid 所倡导的能源交易过程中扮演重要的角色，用来追踪记录用户的用电量及管理用户之间的电力交易。电力数据通过区块链技术可以成功实现货币化。TransActive Grid 的目标架构没有中心节点，纯粹是用户和用户之间点对点的交易，区块链的分布式结构和数据不可更改的技术特点完全吻合布鲁克林微网系统的分布式电网系统，也符合 TransActive Grid 团队对于 P2P 支付方式的设想。

TransActive Grid 目前遇到的问题是原始设计的设备比较笨重，用户界面不够友好，所以 LO3 Energy 团队正在开发一款内容简单、容易使用的 App，使用户能够更方便、快捷地大规模推广，这可能也是许多能源区块链项目会遇到的问题。TansAcive Grid 未来可能遇到的问题是居民之间的电力交易可能让能源区块链的建造商的利润几乎为零，大型的电力企业和互联网企业不会对此感兴趣。TransAcive Grid 的推动者们有着推动社会发展和居民福利的愿景，但是 TransActive Grid 目前只局限于布鲁克林地区的个别社区，未来的大规模推广将会让 LO3 Energy 和 ConsenSys 有较大的成本负担。

此外，TransActive Grid 作为 ConsenSys 和 LO3 Energy 的合资企业，其所有区块链技术由 ConsenSys 输出，LO3 Energy 仅负责能源市场领域。目前，由于双方对于市场方向产生矛盾，ConsenSys 已经停止与 LO3 Energy 的合作，缺少区块链技术团队的 TransActive Grid 项目目前处于停滞状态。

TransActive Grid 项目将区块链技术应用于追踪记录用户的用电量以及管理用户之间的电力交易，探寻了电力数据实现货币化的可行性。这个项目虽然目前处于停滞状态，但是它的尝试为后来者提供了很好的范例及改进方向。

2."能源即服务"平台

国内某知名燃气集团凭借多气源保障供应、产供储销一体化建设、优质的客户服务等优势，利用一站式区块链数据服务平台 VeChain Tool Chain™，搭建基于工业区块链的"能源即服务"平台，率先实现该集团供应链中液化天然气（LNG）的信息数字化及区块链存证查询（见图 7-7）。

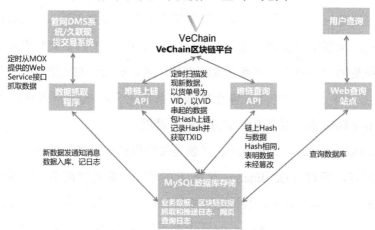

图 7-7 国内某知名燃气集团"能源即服务"平台

资料来源：由上海唯链科技提供。

"能源即服务"平台将 LNG 接收及加注站管理的天然气储罐编号与注入其中的 LNG 澄清值、来源等相关数据在区块链上做绑定。当 LNG 由专业物流承运商运往零售商时，LNG 订单信息（含提货单号、提货量、物流承运商车辆及司乘人员信息等）及 LNG 质量报告（含组分、热值信息等）也将上传至区块链进行存证。通过这一流程，所有数据均可以通过区块链进行溯源、共享和保存，可以在区块链上对从运营商到本地经销商的 LNG 数据进行交叉验证，提升了数据质量及可信度，为 LNG 接收、存储、运输、销售等环节的管理提供可靠依据，为后续阶段性引入天然气中下游企业、物流贸易商等多方主体，全方位打造能源区块链生态圈奠定了良好基础。此外，通过引入工业区块链，该燃气集团作为核心企业，可以将供应链金融服务扩展到仓单质押、质量追溯和安全保证等方面。供应链金融服务提供商获得了这种增强的信息查询和验证工具后，可随时检查真实数据和加密数据。

"能源即服务"平台从 2019 年 1 月份上链，已稳定运行 3 年多，每日上链 LNG 储罐数据和运单数据 1 000 条以上，为该集团提供了稳固的数字化基础。

未来这一平台还将逐步引入物流管理、能源交易、创新金融等综合服务功能，实现天然气行业数据共享、产供储销全面一体化智能协作、燃气全流程安全管控、能源市场供需稳定及完善的银行保险创新金融服务的项目目标。

7.3.4　农业：Ripe 和 Ambrosus

区块链技术可以跟踪食品的来源，从而帮助建立可信赖的食品供应链，并在生产者和消费者之间建立信任。作为一种可靠的数据存储方式，它促进了数据驱动技术的使用，使农业更加智能化。此外，通过与 Smart 合同的联合使用，可以通过区块链中出现的数据变化触发利益相关者之间的及时付款。区块链不仅可以追踪农产品生产全过程，还可以随时查看农场机械传感器的状态。

1. Ripe

Ripe 是一个农产品数据聚合的区块链平台，通过利用区块链技术、物联网、人工智能和机器学习，将实时数据聚合成一个仪表板，用于预测消费者分析。这个平台使 Ripe 的合作伙伴能够向他们的客户提供食品完整性数据洞察力，以确保他们为客户提供尽可能高质量和可持续的农产品，建立对农产品供应链的长期信任和信心。在这个平台上，每个人都可以获得透明和可靠的信息。

农产品的供应链很长也确实相当复杂，参与农产品生产的众多生产者、收割机、加工者、顾问、代理人、临时工人、零售商往往只影响到农产品旅行的很小一部分。这种分散的进程需要一种分散的解决办法。Ripe 简化了从众多参与者收集信息的挑战性任务，提供了参与者之间一对多的数据集成和流程协调。

农产品供应的关键是对最终消费者几乎没有什么可见性，消费者几乎没有或根本没有区分产品的能力，农民也没有什么动力去采取更好但更昂贵的耕作方法。Ripe 所做的工作就是把农产品的附加值可视化，并且通过区块链技术在链上传递并货币化，可以为这些农民提供发言权和新的分配机会。

区块链将使这一新的实时本地农产品市场得以诞生，使质量（新鲜度、味觉、安全性）、可追溯性（风险管理和品牌完整性）、农产品的可持续性，以及买方对种植者的公平激励、打击食品欺诈和监管合规的证据具有透明度。区块链提升了供应链的透明度，并提供了对原本无法获得的数据的访问，从而为农民提供了一条缩短供应链的途径。

农产品的包装可以通过使用更聪明的容器来提升其在链中的价值，这些容器具有区块链标识、产品标签，以及包装时对食品的其他测量或检验、包装地点、包装方式等。这些也是链上端行为者的宝贵信息。Ripe 为农产品提供了一个通信渠道，以记录它们对供应链的价值，这反过来又为最终实现透明度目标的共享数据增加了价值。

当农产品在供应链中移动时，Ripe 提供了一个描述食物属性的词汇和本体论。这种通用语法提供了一种数据结构，智能合约使用它来自动化食品链上的验证、认证和市场操作。

2. Ambrosus

Ambrosus 是一个完整的企业解决方案，它结合了区块链和物联网技术来测量和记录供应链每个角落的信息。

基于 Ambrosus 物联网的区块链系统保证了供应链的完整性和持续的可见性，并向所有网络参与者提供了状态更新，以及农作物和药品的质量保证服务。加密的数字身份系统，最大限度地减少了数据篡改。

供应链中任何物理或概念元素的数字标识可以是一个单独的酸奶罐、一个 6 包工艺啤酒瓶、一个装满各种药品的托盘、一辆卡车，或者一个装满传感器的盒子。每个资产都有一个全球唯一的 Ambrosus ID（AMB-ID），它是在 AMB-net 的分布式数据库上加密的。开发人员还可以为资产使用任何外部标识符，如 GS1 的 Gln、GTIN、SSCC 等。

记录发生在一个或多个资产上的任何相关信息和时间戳信息，事件应该始终包含以下信息：什么（相关资产）、何处（位置如 LAT/Long 或 Gln）、Who（创建事件的设备/应用程序/用户）、何时（时间戳）、为什么（业务流程步骤）。Ambrosus 事件是 100%兼容 GS1 的 EPCIS 格式，允许轻松地集成任何现有的跟踪系统与 Ambrosus。

Ambrosus 农产品供应链平台如图 7-8 所示。

目前，农产品供应链的区块链技术应用还处于发展的初级阶段，同时，在区块链技术的实施过程中也存在着许多不成熟和不完善的地方。此外，区块链技术的应用需要在农产品供应链中参与各方的广泛参与和协作，这对于充分发挥其作用具有重要意义。由于区块链技术具有透明性、安全性和分散性等特点，在整个供应链中跟踪食品质量信息成为可能。这有助于防止食品交易中的欺诈行为，降低食品供应链管理的成本。因此，包括生产者、消费者和政府监管机构在内的所有缔约方都可以从中受益。

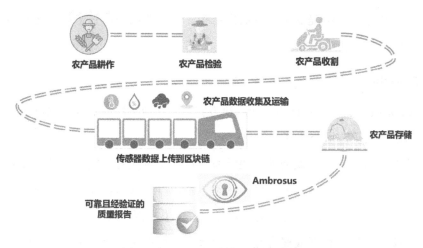

图 7-8　Ambrosus 农产品供应链平台

　　区块链还能更好地保护农民的权益。通过将每次承诺、每笔交易进行公开，买卖方可以互相监督，并防止压价行为。目前农产品遇到滞销时，往往依赖中心化的平台，包括阿里、京东、苏宁。农民需要把自己滞销的产品，在网上进行售卖，然后发送到全国各地。但在区块链时代，可以利用去中心化的平台，使农产品在原产地就可以和消费者实现一对一的交易，这样就降低了采购成本、平台维护成本，使农民的农产品收益最大化。

　　区块链+农业，想象的空间还可以更大，将来农产品也能实现快速召回；用户的喜好也能形成大数据反馈给农产品种植方，推动农业的供给侧结构性改革。区块链的到来，是农业互联网之后的又一次发展机遇。

第 8 章

区块链在社会领域的应用

8.1 社交、游戏领域的应用案例

8.1.1 社交：CastBox 和 ENT

1. CastBox：首个"+区块链"音频内容应用

CastBox 是国际版的喜马拉雅，平台支持超过 70 种语言，拥有超过 5 000 万份音频内容和来自 135 个不同国家/地区的超 1 720 万位用户。

音频内容市场的发展规模从 2011 年至今一直处于高速发展期，用户数量不断激增，然而流量变现的问题却始终存在并困扰着这个市场。尽管数据显示用户为内容支付的意愿和实际结果都在持续增长，但平台往往雁过拔毛。单靠粉丝经济只会使一些本身已经拥有大量流量的用户受益，而一些短期内无法获得大量粉丝的优质节目却可能会因为变现问题而难以生存下来。

区块链技术的出现给这样的困境带来了全新的解决方案。2018 年 6 月 1 日，CastBox 推出了一款新的加密货币钱包——BoxWallet，BoxWallet 将被嵌入 CastBox 中，用户可以直接在 CastBox 中进行以太坊和 BOX 代币的兑换。

在应用中嵌入 Token 的意义不仅是打赏，而是建立一个生态，而支付必然是整个生态中最核心、最重要的特性。当你在播客平台中，无须进行人民币、美元充值，只需使用 ETH 或 BOX 即可进行支付，并购买喜欢的内容。这时，大家使用同一种代币结算方式，无须进行汇率转换，所有支付信息上链，可追溯却不可篡改，公开透明却又安全可靠。

在 CastBox 平台上，不仅可以体验优质的音频资源，同时还可以通过一系列官方活动或激励机制来获取代币，让用户作为平台运营者的一部分，一起维护平台和社区的发展壮大。对于作者或内容分享者而言，在基于 Token 的内容平台中，如以音频为主的 CastBox 或以文字为主的币乎等平台，通常可以获得更高、更透明的收益，从而促使内容分享者进一步分享高质量的内容，直接增加平台本身的价值。从广告商的角度来看，对于垂直领域较强、受众人数多、用户黏性大的平台而言，更愿意花钱投放广告，这里投放的方式可以是到二级市场买 Token，也可以直接付费给平台运营商，然后平台运营商靠这些资金可以更好地运营平台本身。

2. ENT：韩国娱乐产业平台

ENT 是韩国第一个基于区块链技术的娱乐产业平台，它为社区提供了"一站式"解决方案，由两家上市公司共同发起。ENT 是一个大的生态系统，是一个去中心化的区块链产权交易平台、智能合约平台，它不仅能够解决包括支付系统里娱乐行业全球票房娱乐活动的跨境支付问题，还是一个内容分发平台和流媒体平台、游戏分发平台和游戏里虚拟物品的交易平台等。

从目前的市场现状来看，全球泛娱乐产业市价超过 2 万亿美元。娱乐业作为消费行业，对运用数字资产支付具有极大的需求。ENT 产品会首先在明星演唱会门票、衍生商品销售时得到应用，还会和实体经济以及支付系统、信用系统相结合。如果全球知名的艺人都支持 ENT 公链来发行自己的专属代币，粉丝和明星通过 ENT 生态进行交流沟通，就意味着原本小众的区块链技术将会真正地落地实践。ENT 会让明星和粉丝在专有的 ENT 生态社交网络上达到更紧密的联系，做到实时双向互动。

　　ENT 生态的参与者一般包括：偶像明星、经纪公司、广告商、平台、粉丝观众、投资者等。其中的 ENT Cash 作为生态代币将在支付手续费、交易、支付、抵押等环节，在各个参与者之间流通，并代表明星专属代币的出入口，与 ENT 生态外的其他资产进行贸易和交换。

8.1.2　游戏：Cryptokitties 迷恋猫和加密兔

1. Cryptokitties（迷恋猫）

Cryptokitties 是世界首款区块链游戏，尽管 Cryptokitties 不是数字货币，但它也能提供同样的安全保障：每只 Cryptokitties 都是独一无二的，而且 100% 归你所有。它无法被复制、拿走或销毁。你可以购买、出售，或交易你的 Cryptokitties，就像它是一件传统收藏品一样，而且它的安全性是毋庸置疑的，区块链将安全地追踪其所有权归属。

Cryptokitties 本就是很简单的宠物养成游戏，但是在区块链基础上，其唯一性和特殊猫的稀缺性给了玩家极大的热情。Cryptokitties 中的猫具有不同的外观和繁殖特性，而且是越初代的猫越值钱，ID 为 1 的创世猫售价已经到 246 以太币，大约 11.5 万美元。从 2017 年 11 月 28 日推出到 2017 年 12 月，销售额已经迅速增长到 1 200 万美元。从某种程度上，Cryptokitties 的火爆促进了以太币应用和推广。

主要历程包括：2010 年年初 CryptoKitties 引领架构师购买了他的第一枚比特币；2017 年 11 月 CryptoKitties 智能合约完成部署；2017 年 11 月 28 日 CryptoKitties 正式上线；2017 年 12 月 2 日，创世猫 CryptoKitty1 号被收养；2017 年 12 月 5 日，大约有 60 000 位注册用户；接近 100 000 只数字小猫存在；到目前为止，所处理的交易金额超过了 500 万美元；CryptoKitties 大约占以太坊流量的 25%。

CryptoKitties 的所有权将通过以太坊区块链上的智能合约进行追踪。CryptoKitties 将通过智能合约自动分配，每 15 分钟发布一只 Cryptokittie（每周发布 672 只），持续 1 年。每只数字小猫将拥有独特的可视化外观，这是由存储在智能合约中的不可变基因决定的。由于数字小猫是区块链上的代币，它们可以被购买、出售或进行数字化传输，其所有权受到强有力的保障。

此外，任意两只 CryptoKitties 可以共同繁殖出一个后代，这是父母基因组合的产物。在每个配对中，其中一只 CryptoKitty 将担任雄种角色并且在参与另一次配对之前将拥有一个短暂的恢复周期（每次育种之后随之增长）。另一只 CryptoKitty 将孵育出新的 Cryptokittie，在此期间它无法参与其他交配活动。在孕育周期内，CryptoKitten 将会出生，而且它的基因也会表露出来。这只全新的 CryptoKitten 将被自动分配给出生时作为雌猫的主人。这只全新的 CryptoKitten 在出生之后，它和它的母亲将立即能够进行接下来的交配繁殖。

2. 加密兔

2018 年 3 月 15 日，小米宣布其区块链游戏加密兔开始内测，并对部分玩家开放，该产品由米链团队开发。其中，加密兔是基于区块链技术的数字宠物，胡萝卜是指加密兔游戏中的积分，米粒为该游戏中的代币，加密兔的名称可能源于小米的吉祥物米兔。

加密兔是小米移动旗下的数字宠物服务，米粒为加密兔游戏中的数字米粒。区块链宠物最初因为 Crypto Kitties 大火，它是以太坊推出的第一款基于区块链技术的数字游戏，每只宠物是世界上独一无二、不可复制。加密兔形象由多种基因随机组合而成，每种基因都会有稀有和普通两种属性。加密兔含有稀有基因的数量和类型将决定它的等级，分为传说、史诗、罕见、稀有、普通 5 个等级。

所有的加密兔都使用区块链的方式记录下来，它们是独一无二的。一旦被用户拥有，就无法被任何人复制、修改或销毁。加密兔不仅会跟主人聊天，还会不定时外出，遇见网友、谈恋爱、生兔宝、参加发布会等。加密兔外出后有可能会孕育兔宝，兔宝被成功竞拍后将成长为加密兔，在变成加密兔前，它的基因均是未知的，充满了想象的空间。该游戏目前在小米应用商店开放下载。

8.2　旅游、娱乐领域的应用案例

8.2.1　旅游：Winding Tree 和 Cool Cousin

1. Winding Tree

Winding Tree 是一个应用了区块链的 B2B 旅游库存交易平台，包括机票、酒店客房、租车、目的地旅游与活动等产品。

Winding Tree 是迄今旅游业唯一的开源式公有区块链，它建立在公有的以太坊上，有自己的货币，是一个成熟的加密式经济项目。其旨在通过打造一个平台，使供应商可以重新控制库存且几乎不花任何成本对其进行展示，从而去除在分销系统中寻租式的中间商。

Winding Tree 将供应商（酒店、航空公司等）和销售商（旅行社）连接到一个市场。供应商把酒店的可用性和价格信息放入区块链数据库中，很容易被卖家发现，然后卖家就有能力购买产品并立即支付，整个过程自动执行，无须人工干预。

Winding Tree 区块链平台如图 8-1 所示。

举例来说，目前预订国际航班涉及多种货币的交易，这种交易可以跨越少数几个国家。当预订从纽约经雷克亚维克飞往巴塞罗那的航班时，旅客会以美元支付票价，部分票价将兑换成冰岛克朗和部分换成欧元。总票价还包括机场安检费、行李安检费、政府收费、税金、登船税、乘客服务费等。如果加上第三方保险或租车被添加到结账时的预订中，一次预订可能涉及 5 种

157

以上的货币兑换成本，这些兑换成本目前都是由旅行者自己来承担的，而且汇率的变化损失有时会非常大。

图 8-1　Winding Tree 区块链平台

Winding Tree 通过使用区块链技术来解决这一问题，从而消除了旅行预订流程中大规模的货币转换的环节，为旅行者节约时间和减少支出。

2. Cool Cousin

Cool Cousin 是一家总部位于英国伦敦的社交平台，模式是使用众包的形式做出每个城市的热门地点推荐。在平台上分享的用户就是这个城市的一个 Cousin，每个用户都可以作为一个 Cousin 在平台上分享自己熟悉的城市地点信息，以图标的形式留在自己的地图上，最后形成一张自己的"推荐地图"。在打开平台界面时也可以选择想关注的 Cousin，以向他们请教并且能够访问他们在平台上制作的"地图"。平台端鼓励每个用户相互交流和分享。

所有的地图图标都有不同的颜色和种类，所以在地图上是很好被辨认的。如果用户已经在图标地点附近，则可以点击图标来实现一些应用功能，如预约餐厅、叫 Uber 和导航等。如果还有问题无法解决，甚至可以直接私信留下这个图标的 Cousin 来实现即时交流。

Cool Cousin 在以太坊平台基础上，推出一个名为 CUZ 的开源密码令牌，用于交换旅行服务和独特的本地信息。CUZ 是一个分布式的生态系统，使用智能合约来保证世界各地的旅行者和当地人之间直接和安全地交流知识和进行服务。Cool Cousin 的任务是通过连接旅游者和志同道合的本地人 Cousins，在地球上的每个城市中进行革命性的旅行业务，以实现个性化信息和个性化服务的无中介交流。

在这个生态系统中，Cool Cousin 让旅行者更容易地获得个性化的省时省力的服务和适合他们口味的信息，同时也给当地人提供了利用他们独特的知识作为收入来源的机会。因为它将鼓励 Cousins 通过 CUZ 加密货币交换创造内容和提供服务，同时让社区的所有成员都能从未来的增长中受益。

Cousins 可以通过更新向导、编辑个人资料、回答旅行者的问题、推广 Cousins、内容创建、回答用户问题等而获得 CUZ。最终，Cousins 还将获得平台治理行为的 CUZ，如解决争端、内容验证、批准新 Cousins 等。希望扩展服务的 Cousins 可以充当旅行社身份，为旅行者提供量身定做的服务，以换取 CUZ 开源密码令牌。

旅行者可以在 Cool Cousins 平台上从 Cousins 那里获得免费信息，或者购买 CUZ，来购买额外的信息和服务。旅行者还可以通过不同层次的隐式和显式参与赚取 CUZ，并成为贡献者。

用户可以成为贡献者，因为他们通过增加平台价值的行为赚取 CUZ。这方面的例子包括感谢他们的 Cousins，为社区的发展做出贡献，为景点拍照，标记不准确的地方，登上新的 Cousins，更改不好的照片，审查推荐，以及在其他平台（如社交媒体）上推广 Cool Cousins。

用户如果有足够的内容贡献已经被社区接受，就可以获得编辑的地位。编辑器将验证贡献者的内容更正，以换取 CUZ 开源密码令牌。

Cool Cousin 平台上已经有来自全球 100 个城市的数千个 Cousin 管理的可信城市指南。这就像在你的口袋里有个私人礼宾，而不需要付昂贵的费用。平台用打分的形式来鼓励用户们多提供信息，如果一个 Cousin 的地图被下载得越多，这个 Cousin 所在城市的评分相对也就越高。目前平台也可以线下访问已经下载好的数据。使用这项服务，旅行者可以在超过 100 个目的地搜索 Cousins 的列表，并找到适合他们的人。每个 Cousin 都有明确的城市指南，有他最喜欢的邻里景点和当地企业。旅行者在寻找一些特别的东西，如足球比赛的廉价门票，或者附近的酒吧，那里有一个很酷的本地乐队，他们也可以直接联系他们的 Cousins，寻求个人点播的帮助。

8.2.2　娱乐：Choon 和 OMI

1. Choon

Choon 是一个基于区块链的 beta 音乐流媒体平台。就像传统的流媒体模式 Spotify、iTunes、Google Play 一样，听众可以通过流媒体创建公共播放列表。Choon 使用区块链技术透明地跟踪艺术家的统计数据，同时也为播放列表的创作者提供收入激励。

Choon 允许注册艺术家免费播放完整的歌曲，这些艺术家为他们的作品赢得了基于以太坊的音符标记。

目前，Choon 自己正在支付版权费用，在 Choon 平台上所有的音乐都是免费提供的，但当这个平台达到 5 万名新艺术家注册时，广告就会运行。艺术家们的报酬是以以太音符为基础的，每个流都有代币。

新艺术家只需提交没有以前的版权历史的原创音乐，任何有独家唱片合同的艺术家都不允许提交音乐。Choon 明确表示，该公司只对未被发现的艺术家感兴趣。或者正如创办人 Gareth Emery 所说："我不在乎披头士乐队。我要的是还在街头叫卖的埃德·希兰，他还没有做过 360 度的唱片交易，他已经签下了自己的生命。"

Choon 的以太坊平台使艺术家能够与每位歌曲贡献者建立智能合约，确保一定比例的总收入（80%）。与其等待一年的时间来支付艺术家，这是典型的，Choon 几乎可以立即奖励他们，根据 DLT 记录了多少流在任何给定的一天。区块链还为即将到来的艺术家提供众筹资金，并奖励听众创建个性化的播放列表。

艺术家可以通过他们选择的任何数量与剧目创作者平分他们的收入，这将激励播放列表创建者赚取一定百分比的传入流。

2. OMI

OMI 是在 2016 年启动的，由波士顿的伯克利音乐学院创意创业学院负责，并和麻省理工学院媒体实验室及 IDEO 合作，得到了许多主要唱片公司、媒体公司、流媒体服务、出版商、收藏家、支持社会和其他近 100 家创始实体的支持。

OMI 旨在利用区块链技术来解决音乐领域的一些争端，致力于推进音乐版权所有者识别的开放标准；对创作者进行知识产权教育；协调和促进整个音乐产业生态系统的创新。

OMI 不仅只是一个简单的倡议，它创建了一个开放源代码协议，用于统一识别音乐版权持有者和创作者。OMI 没有建立一个数据库或一个特定的产品。OMI 的成果将是 API 规范，以实现行业平台的互操作性。

OMI 相信需要最准确的版权持有人生态系统来发展和繁荣开放源码基础。为了让生态系统的所有参与者开发新的应用程序，需确保有最佳匹配和争端解决系统，并在音乐领域创造新的市场机会。

OMI 的成员跨越整个音乐产业价值链，为开放音乐提供了独特的定位，即提供技术组件的开源实现，以便根据良好的设计原则和架构、标准化的 API 和协议实现高度的互操作性，识别和匹配音乐作品的版权所有权。

Open Music 作为一个联盟，寻求定义和开发 API 与协议层，并通过定义几个体系结构标准来促进行业互操作，这些标准为生态系统中的服务提供者和最终用户提供扩展。Open Music 寻求在可能的情况下使用现有的标准，如 DDEX，并将这些标准扩展到新的用例场景。

麻省理工学院连接科学、IBM 和 Intel 等成员在如区块链等新技术方面有丰富经验，用于管理和认证音乐录音（ISRC）和音乐作品（ISWC）之间的交易和连接；通过智能合约降低成本和解决纠纷；探索创建新的可信商业网络；以及预期用户生成的内容分发激增的新业务模式。

MLC 应用程序连接工业界的顶级学术研究人员、博士生、教员、创作者和企业家，同时在开放标准的基础上为音乐产业开发新的商业模式、产品和服务，协调利用人工智能和机器学习等技术，探索预测分析，降低成本结构等。

OMI 开放协议架构如图 8-2 所示。

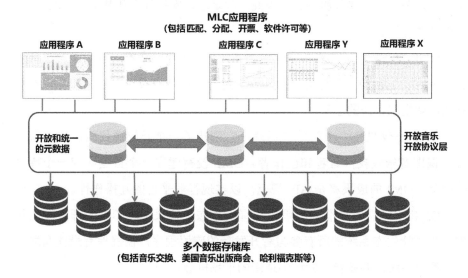

图 8-2　OMI 开放协议架构

- 标准应用程序编程接口（API）。今天，互联网上几乎所有基于网络的服务（如社交媒体、电子邮件服务、交易平台等）都是基于标准化的通用 API 和协议运行的。通过定义标准 API 和协议，企业家、开发人员和学生可以在这些公共 API 和协议的基础上开发新的应用程序和服务，从而推动新的创新。标准促进了"堆栈"高层的互操作性和创新。

- 开源软件实现。为了证明标准 API 和协议的正确性，Open Music 将实现这些 API 的参考开源软件和基于其他行业标准（如 DDEX）的协议。Open Music 的软件将免费提供给任何人，这将加快整个行业采用可互操作的标准。

- 对开放和统一元数据的联合访问。Open Music 与相关合作伙伴和 Open Music 成员一起定义和开发一个新的统一元数据层，该元数据层允许通过经过身份验证的实体以统一方式访问数据（如许可证数据）。这允许用户获得元数据的统一视图，而不依赖于底层数据的物理位置。这种方法的一个例子是开放数据平台倡议（Odpi）Egeria 项目。Egeria 创建了一组开放的 API、类型和交换协议，用于元数据的开放共享、交换和治理。这类似于航空业的 Sabre 旅客预订数据库，许多旅行社和应用程序都可以使用该数据库。

- 服务模块化。对于可伸缩性而言，模块化服务单元的概念是至关重要的，因为这种方法允许在每个模块的基础上进行技术改进。模块之间具有独立性。这允许将一个业务逻辑（如标识一个合法用户）作为一个独立模块实现，而不是使用另一个业务逻辑（如输入或支付处理）。作为一个整体，技术改进可以在对其他业务流程（其他模块）的干扰最小的情况下进行。

- 模块级接口。用于业务逻辑的模块化服务的一个关键促成器是用于访问给定模块和模块到模块交互的一致的标准接口。因此，例如，一个协调模块应该通过标准协议和接口交互到一个输入模块。只要接口定义和行为定义保持不变，随着时间的推移，这些模块中的一个或两个模块都可以升级，对其余业务流程的影响最小。

- 不透明内部处理。这也称为"不透明盒处理"模型，其中流程的内部实现（业务逻辑）对服务调用方隐藏。今天，大多数 Web 应用程序和服务都是以这种方式运行的（如 Amazon AWS 云服务等）。使用该服务的实体不应该关心内部"不透明框"是如何实现的，只要它为标准化的 API 和标准化的数据格式提供一致的服务。例如，家庭有线电视中的机顶盒单元通过电视单元 HDMI 标准进行通信。电视并不关心机顶盒是如何实现的（一个不透明的盒子），只要它始终使用 HDMI 标准与电视通信。

基于上面概述的开源结构和方法，任何供应商都应该能够使用 Open Music 标准 API 和协议轻松地实现其体系结构、功能和服务。使用 OMI 的标准 API 和协议部署服务的解决方案保证了供应商的寿命和成本效率，因为虽然 API 和协议标准随着时间的推移保持稳定，但这些 API 背后的"不透明盒"实现可以随着时间的推移而发展和改进。

OMI 及其成员今天处于有利地位，可以通过以下方式加强权利管理生态系统：OMI 开源 API 架构（见图 8-3）。

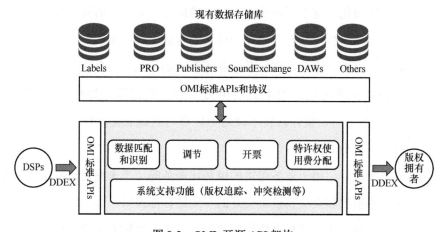

图 8-3 OMI 开源 API 架构

- 创建新的标准 API 和协议，以识别和跟踪音乐权利和版权持有者，使用现有元数据标准（如 DDEX），以及开放源码软件推动这些 API 和协议的贡献。

- 探索新的元数据管理和冲突解决模型，这些模型将增强现有标准，并基于联邦访问技术，不分位置提供权限元数据的统一视图。

- 通过联邦数据方法与 MLC 门户的互操作性确保最大匹配。

- 探索新的分析方法，以保护隐私的方式，根据社会联系和其他个人数据，对音乐的消费产生深刻的见解，从而更好地预测新音乐或新的混合流派的趋势和成功。

音乐产业在版权识别和数字版税分配方面遇到的问题是多方面的，涉及企业、技术、合作伙伴关系和数据管理过程。解决方案也需要是多方面的。

OMI 系统受益于开放和共享协议，这些协议建立与第三方进程的互操作性，从而成功地实现、部署和持续维护 MLC 管理的数据库门户和整个全球创意行业的版权所有者数据。事实上，互操作性和开源工具对于音乐现代化法案的长寿和深远影响至关重要。

Open Music 的结构是以航空、电信、全球定位系统和互联网等其他行业如何从开放标准中获益为模型的。根据麦肯锡研究所 2013 年的一份报告，公开数据可以帮助解开全球经济多个部门每年超过 3 万亿～5 万亿美元的经济价值。

此外，随着市场、社会和音乐产业本身日益成为数据驱动，消费者通过与其他消费者的不同社会契约获得音乐，权利数据的碎片化只会增加。音乐产业必须采用先进的人工智能、机器学习和社会物理学，以培养更好的预测能力和对未来音乐消费趋势的洞察，以及管理使用后版税分配的能力。

下一代艺术家、作曲家和企业家将面临一个具有我们今天甚至无法想象的用户体验的全球市场，以及可能由区块链和新兴技术系统支持的潜在系统。

音乐创作将越来越多地包括在社交媒体上共享的 mashup，或者在增强现实或虚拟现实环境中体验到的混合。分散和共享的全球跟踪将为全球参与者提供匹配服务的真正扩展能力。需要设计和探索新的经济激励模式，以增强艺术家的创造力。

8.3　房地产领域的应用案例

8.3.1　ChromaWay 房产中介

买卖产权的过程中的痛点在于：交易过程中和交易后缺乏透明度，有大量的文书工作，存在潜在的欺诈行为，有公共记录中的错误等，而这些还仅只是一部分。

区块链提供了一个途径实现无纸化和快速交易的需求。房地产区块链应用可以帮助记录、追溯和转移地契、房契、留置权等，还给金融公司、产权公司和抵押公司提供了一个平台。区块链技术致力于安全保存文件，同时增强透明性，降低成本。

区块链可以成为商业房地产公司和其他租赁交易主体之间、技术系统之间的结缔组织，为所有交易各方提供更开放和共享的数据库。这会提高数据质量，促进实时记录和更正。所以，商业房地产企业可以解决一些互操作性问题，可以使用预测分析手段从区块链数据中得出更智能近乎实时的分析，这最终会提高租赁和房产运营决策质量。尽管参与主体可以利用自身能力分析内部数据，但是他们可以使用第三方的区块链供应商作为中介来分析聚合的行业数据。

房地产基于区块链技术的数字身份可以包括房产历史、位置以及房地产权证详细信息。通常，买方和银行会依赖房产的数字身份信息进行物业评估，因为现有数据的任何改变都需要通过多个区块链节点之间的共识才能完成。区块链分布式、不可篡改及加密特性使作恶者很难实施和留置权、地役权、空间所有权和地下所有权、物业权或转让相关的欺诈行为。这也增加了安全性和透明度，也会减少欺诈风险，简化物业权审查流程，降低成本。

瑞典土地管理局 Lantmäteriet 与区块链初创公司 ChromaWay、瑞典电信巨头 Telia 公司及几家房地产企业合作开发基于数字区块链的解决方案。其目标是将由区块链技术认证的销售合同和房产抵押数字化。此解决方案简化了转让房产所有权的过程，同时还增加了一定的安全性。参与该过程的所有各方，包括买方、卖方、房地产经纪人、买方银行和土地登记处，都有自己的数字身份。每方都可以使用单个应用程序通过区块链验证的智能合约安全地发送和签署官方文档。所有参与者都可以查看相关文档和信息，并且过程中的环节都经过验证。

ChromaWay 成立于 2014 年，总部设立在瑞士的斯德哥尔摩，一直在开发和完善房地产行业定义的区块链技术平台，团队设计了一个关系区块链的体系结构，这是一种新的区块链体系结构，它结合了关系数据库的功能和灵活性及区块链的容错分散安全性。

ChromaWay 使用关系区块链体系结构构建了 PostChain，一个私有区块链和财团数据库。PostChain 已经在三大洲注册了房产，加速了绿色金融的发展，并为提议的国家电子货币奠定了基础。关系区块链也为 Chromia 提供了动力，这是 ChromaWay 的一个分布式应用程序的公共平台。关系区块链允许 Chroology 提供用户和开发人员的体验，这是其他区块链平台无法比拟的。

Chroology 将 PostChain 作为一种服务，具有丰富的分散管理功能。部署块链应用程序，就像在云中拆分服务器实例一样。它是为便于使用、易于开发和规模上的性能而构建的。Chromia 适合每个人，从区块链爱好者，到最大的企业和政府。

如果你希望拥有与区块链相同的不可变性和完整性保证，但是不与所有网络参与者共享所有信息。ChromaWay 提供了 Esplix 智能合约服务，Esplix 智能合约通过使用区块链作为合约的数据存储方来解决这个问题，并使用密码技术更新和验证客户端合同的状态。这意味着智能合约可以对参与合约的人保密，同时仍然可以提供从区块链中得到的明确证据。ChromaWay 的关系数据库根据关系模型构造数据，具有数据独立性、无冗余和良好的一致性保证等优点。

8.3.2　Propy

Propy 是一家区块链初创公司，在区块链系统内存储土地记录管理数据。Propy 旨在通过为全球房地产行业创建一个新的统一的地产商店和资产转移平台来解决国际房地产交易面临的问题。Propy Registry 最初将反映官方的土地登记记录，其中记录了不动产转让。

Propy 是一家由硅谷领导人和全国房地产经纪人协会支持的公司，它正在通过部署一种新技术，对房地产行业进行革命性变革。

Propy 的目标是实现房地产销售过程的自动化。这家总部位于美国帕洛阿尔托的公司正在撰写房地产史上的新篇章，该公司推出了新技术，即可以在智能合约上进行完全在线和自动驱动的房地产交易。

Propy 的解决方案不需要多个系统来管理事务，而是使用先进的技术管理事务，快速、简便地关闭事务。

- 开发者团队采用该平台是无缝的，有一个简单和直观的使用界面。
- 只有参与交易的各方才能获得文件和披露信息。
- 把文件归档的压力释放出来，把更多的精力放在完成交易上。
- Propy 的事务清单使你可以轻松地选择、管理和跟踪事务所需的所有文档。添加、删除或重命名核对表类别和文档名称。
- 组织、管理和跟踪与你的交易相关的所有文件。通过单击按钮分配电子签名、共享、删除、下载、重命名和拆分文档。
- 轻松和毫不费力的合规审查，节省了使用 Propy 自动化系统进行审计的时间。事务协调员、审计师或事务的发起者可以轻松地检查和批准与事务相关的所有文档。
- 安全地管理你的文档，上传、下载，并转发你的所有文件，随时随地地安全存储文件。为了简化操作，上传到交易步骤的每个文档都将自动显示在存储区中。

Propy 区块链架构如图 8-4 所示。

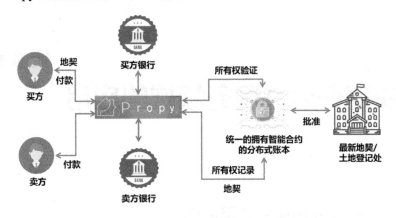

图 8-4　Propy 区块链架构

每个财产都有一个唯一的所有权，作为所有权的证据。财产所有权通常通过区域政府组织管理，由组织的财产登记处记录和追踪这些所有权。Propy旨在开发 Propy 注册中心，最终目标是成为全球契约所有权信息的注册中心，该注册中心将向全球实体提供服务，类似于网站域的域名服务器（DNS）系统。

随着 Propy 注册中心逐渐发展成为一个使买家能够合法验证房地产交易的系统，Propy 打算包括一个模块化系统，以允许区域政府提供与房地产交易相关的国家特定规则和条例，这些规则和条例将纳入 Propy 的智能合约平台。Propy 注册表由多个相互作用的契约组成，并遵循微服务体系结构方法。每个合同负责系统中单一类型的记录。每个合同都包含允许创建和修改记录、合同更新和其他管理功能。

Propy 有一个非常简单和可扩展的业务模型。在 Propy 网络上购买房产时，Propy 只收占最终购买价格的一小部分。Propy 向每笔交易的房地产经纪人收取使用 Propy 技术和工具的费用。

第 9 章

区块链在公共服务领域的应用

9.1　公益福利领域的应用案例

区块链技术是一种潜在的技术，可以方便地改善政府服务，促进公平和透明的公民权利。因此，对于政府来说，区块链是一项出色的技术，它可以优化政府流程，提供安全、高效的共享。

区块链为一个国家的公众提供了许多应用。利用区块链技术，最终可以提供不同的服务，消除官僚主义，防止税务欺诈，减少浪费。

数字现金的概念可以用于任何大交易策略。这也将有助于政府重新调整其金融交易，就像目前中国在推行的数字人民币一样，已经在不同的城市和地区分批试点了。

9.1.1　Follow My Vote 投票软件

Follow My Vote 是一个端到端可验证的在线区块链投票软件，是完全开源和具有真正革命性的。其使命是通过赋予个人有效沟通和非强制性解决社会问题的能力来促进真理和自由的。Follow My Vote 将承担开发一个分散应用程序开发平台的挑战，该平台将允许快速开发和安全部署分散应用程序，履行区块链的承诺，将用户安全地连接到他们希望参与的基于区块链的应用程序上。

Follow My Vote 把注意力转向提高全世界政治选举中使用的投票制度的廉正标准。为了确保政治选举的结果是诚实的、准确的，并在全球范围内是被接受的，开发安全的、开源的、基于区块链的投票软件，以通过允许选民独立审计投票箱来向选举结果提供透明度。使用尖端技术，如区块链技术和椭圆曲线密码学等，来保护每位选民的隐私权。

图 9-1 描述了使用区块链投票系统在选举中投票的端到端过程。

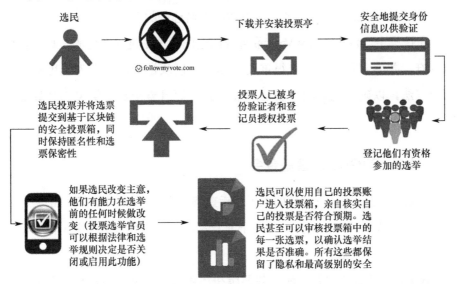

图 9-1　区块链投票：Follow My Vote

Follow My Vote 只是采用当前在选举日（在一个有选民身份证法的州）的选举中投票的过程，并将这一过程完全在线，以使它更容易、更安全，甚至更符合每个参与者的成本效益。

使用区块链投票系统时，投票者需要下载并安装他们选择的个人设备（台式计算机、膝上型计算机、智能手机或平板电脑）上的"Follow My Vote 投票亭"。从那里起，选民将提交适当的身份信息，以便由身份验证者核实他们的身份，该身份验证者将由举行选举的组织提前批准。一旦他们的身份得到核实，选民就可以按要求投票，书记官在此时发给他们正确的选票类型。然后，投票人将完成他们的投票，并将他们的选票安全地提交给基于区块链的投票箱。为了获得投票证明，选民可以选择打印收据。如果选举的主办方允许，选民可以提前投票，甚至可以重新进入我的投票亭。如果他们在选举前的几天改变主意，就可以改变他们的投票。在选举日投票结束时，每名选民提交的最新选票将被视为官方投票；选民可根据自己的投票进入投票箱，以确保他们的投票按预期进行，并按投票结果计算。如果他们选择这样做，每名选民也将被允许对投票箱中的每张选票进行审计，以确认区块投票系统所报告的总票数是准确的，而不透露每名选民的身份。

在投票中，Follow My Vote 希望每位选民对民主进程有信心，相信他们的政府，并感到他们的声音很重要。为此，区块链投票方案为选民提供了一种方法，以确认他们的声音已经被听到，而且整个选举结果都是真实准确的。

9.1.2　BitGive 慈善基金会

BitGive 是一家非营利性的电子货币慈善基金会组织，成立于 2013 年，致力于将比特币及其相关技术应用于非营利慈善组织和人道主义工作中，以促进慈善事业的发展。

BitGive 基金会主要关注公共健康和环境保护领域的慈善与社会公益工作。2015 年，该基金会从比特币社区募集了超过 11 000 美元，为肯尼亚的 Shisango 女子学校开凿一眼水井。这所学校位于肯尼亚西部的一个偏远地区，BitGive 与合作伙伴 The Water Project（世界饮用水项目）通力协作，共同执行了这个项目，通过实现基于区块链的比特币捐赠，将清洁、安全的水引至学校，解决了学生和周围 500 多人的用水难问题。

2015 年 7 月，BitGive 公布了慈善 2.0 计划，该计划包括一系列针对利用电子货币和区块链技术造福全球范围内福利组织的项目。这些项目着眼于区块链技术的固有优势，其基本设想是应用区块链技术建立一个透明的捐赠平台，通过该捐助平台，每笔捐款的使用和去向都将向捐助方和公众彻底开放，从而彻底变革慈善事业的现状。

目前 BitGive 与 26 个非营利组织合作伙伴，已经影响到全球 27 个国家/地区的 49 000 多人。

在未来，BitGive 和世界饮用水项目收取捐助资金时，资金将被记录在不可改变的 Factom 数据链上。世界饮用水项目主席彼得·沙斯认为，区块链技术和比特币为那些以肯尼亚为代表的接受援助资金的国家提供了一个令人难以置信的降低成本的机会。同时，它也可以更好地向实现从终端到终端的透明度转换，使非营利机构合理使用善款。

9.1.3　BitNation 项目

BitNation 是一个建立在区块链技术之上的分布式自治组织，该组织主要关注区块链技术在法律、社保、信息安全、社交服务等方向的应用。

2015 年夏天，为了逃避叙利亚内战，大量难民流离失所、无家可归。欧盟边境管理局发布的数据显示，仅 2015 年 8 月一个月，就有超过 15 万名难民流向欧盟。联合国预计，如果叙利亚战乱持续下去，未来几年内将有数百万名难民涌入欧洲。欧洲正面临着第二次世界大战以来最严重的难民危机。

基于此，BitNation 建立了一个难民救助项目，旨在为难民提供紧急救援和人道主义援助。该项目应用区块链技术对难民进行认证和识别，为难民建立临时电子身份，颁发 BitNation 借记卡。

具体说来，BitNation 借记卡这样操作：首先，捐赠者需要向 BitNation 捐赠 12 欧元，作为 BitNation 借记卡的开卡费用。持有 BitNation 借记卡的难民可以使用该卡从自动取款机取现，在正规商店刷卡购物，也可以进行网购支付。BitNation 借记卡的工作原理与普通的 VISA 借记卡基本相同，唯一的区别在于，BitNation 借记卡使用比特币收费，卡片余额和交易信息全部记录在基于区块链建立的分布式账本中，因此持卡人不需要在银行开设账户。此外，通过区块链实现的数字货币交易允许捐助者将善款直接汇入某个特定的难民的 BitNation 借记卡中，从而实现点对点的直接捐赠。

BitNation 的 CEO 兼创始人 Susanne Tarkowski Tempelhof 在接受媒体采访时表示："我们希望将使用 BitNation 借记卡变成援助的基础模式。今后，人们可以直接以点对点的转账汇款的方式对受捐助者进行捐助。受捐助者可以使用 BitNation 借记卡来支付日常的生活必需品，而不是依靠领取慈善组织发放的衣物与食物。发放衣物与实物的行为总是带有施舍的意味，而 BitNation 借记卡的使用能够在某种意义上保护受捐助者的人类尊严。"

目前，BitNation 是世界上第一个分散的无边界自愿国家（DBVN）。BitNation 于 2014 年 7 月开始，主办了世界上第一次连锁婚姻、出生证、难民紧急身份证明、世界公民身份、DBVN 宪法等。这个网站的概念证明，包括区块链 ID 和公证，被世界各地数以万计的比特公民和大使馆使用。BitNation 是联合国教科文组织 2017 年 UNESCO's Netexplo Award 的获奖者，曾被《华尔街日报》、彭博社、英国广播公司、CNN、有线新闻网、副媒体、TechCrunch、《经济学人》、《今日俄罗斯》等收录。

9.2 政务管理领域的应用案例

基于区块链的数字政府可以保护数据，简化流程，减少欺诈、浪费和滥用，同时增强信任和问责制。在基于区块链的政府模型上，个人、企业和政府通过使用加密技术安全的分布式分类账共享资源。这种结构消除了单一故障点，并保护敏感的公民和政府数据。基于区块链的政府有潜力解决遗留的痛点，并具备以下优势：

（1）政府、公民和商业数据的安全存储；

（2）减少劳动密集型过程；

（3）减少与管理问责制有关的过度费用；

（4）降低腐败和滥用的可能性；

（5）加强对政府和在线民事系统的信任。

可以利用分布式分类账格式支持一系列政府和公共部门应用程序，包括数字货币/付款，实体管理，供应链可追溯性、财富关怀、公司注册、税收、投票（选举和代理）和法律实体管理。

9.2.1　E-Estonia

爱沙尼亚被 Wired 评为"世界上最先进的数字社会"，它建立了一个高效、安全和透明的生态系统，99%的政府服务都是在线的。因此，爱沙尼亚人设计了无数的东西也就不足为奇了。

2007 年，早在区块链技术问世之前，爱沙尼亚就启动了全民数字身份证项目，推出了无钥签名基础架构（Key Less Signature Infrastructure，KSI），在 KSI 之下，历史无法重写。2014 年爱沙尼亚发起"数字国家计划"，旨在通过部署区块链、人工智能、大数据等先进技术，"建立全球首个没有物理边界，完全基于数字空间及共识的数字国家"，涉及教育、健康、投票、数字签名、交通、税收等领域。目前，90%以上的爱沙尼亚民众拥有电子身份卡，持有电子身份证卡的公民可以获取 4 000 多项公共和私人的数字化服务；98%的银行交易在网上完成。

E-Estonia 的发展历程如图 9-2 所示。

9.2.2　Zug 数字 ID

联合国预测到 2050 年，68%的人将生活在城市地区。公民的这种大规模涌入将给当前的政府制度和进程带来压力。为了确保城市具备应对即将到来的各种挑战的充分条件，越来越多的城市正在采取措施，成为"智能"城市。

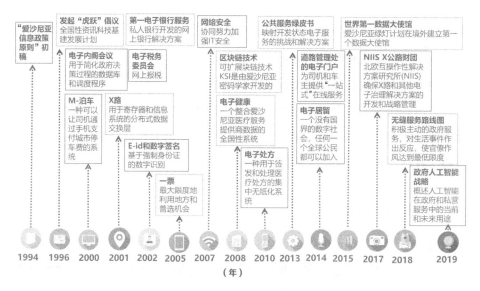

图 9-2　E-Estonia 的发展历程

数字转型的阶段注定要摧毁目前政府 ID 的运作方式。瑞士政府树立了一个活生生的例子，居住在楚格州的公民拥有自己的数字、分权、主权身份。这个身份可以用来参加所有与政府有关的活动，如投票、证明身份等，就是 Zug 数字 ID。

Zug 数字 ID 有如下特点。

（1）数字化。不需要纸张，一切都在网上，而且是自动化的。

（2）分布式。不会使用可能容易受到安全侵害的单一隔离数据库。

（3）拥有自主权。你的身份是在你的控制之下，而不是在政府的控制之下，一切都在你的手机里。

Zug，又名 Crypto Valley，是最早开始探索基于区块链的数字身份，以改善对数字政府服务的访问，同时提高效率、数据安全性和投票可访问性。

Zug 是建立在 Uport 区块链上的一个分散的身份验证平台，它与卢塞恩大学的金融服务研究所（IFZ）以及整合公司一起，创建了世界上首个在以太坊区块链上的自主政府颁发的身份项目。2017 年夏天，TI&M 和 Luxoft 启动了一项试点项目，在公共百货连锁网站上注册居民身份证。在试点项目之后，Zug 于 2017 年 11 月正式启动了该项目。

Uport 的身份模型将身份所有权返回给个人，允许用户在以太坊上注册自己的身份，发送和请求凭据，签名事务，并安全地管理其开放身份系统上的密钥和数据。

Zug 在公共网络上创建了自己的身份，赋予他们签署和核实数据的权力。访问 Zug 城市标识的权限委托给城市办事员，后者使用具有特定管理权限的个人 Uport 身份。

Zug 数字 ID 的用户体验如下。

（1）一个 Zug 居民从 Apple App Store 下载了 Uport ID 应用程序，并创建了一个账户。

（2）Uport 应用程序生成了一个独特的私钥，表示用户在手机上的身份，是用户的身份代理。

（3）居民有机会备份他们的私钥，使他们能够在失去使用手机的情况下恢复对其身份的访问。通过此设置，居民获得了对其身份及其所有关联数据的完全控制。

（4）这名居民第一次访问 Zug 的网站，通过扫描二维码与 Zug 的电子政务平台互动进行注册。

（5）居民在 Zug 的网站上输入了他们的出生日期和护照号码。请求是加密签名的，并作为一个新的 Zug ID 应用程序请求发送到城市。

（6）居民被要求在 14 天内访问该市的公民登记办公室（Einwohner-kontrole），亲自核实他们的详细情况。

（7）一旦确认，市职员向他们签发了一份可核实的证件，其中载有他们的 Zug 身份证，上面写着该市的身份。其他公共和私人组织可以在用户的 Uport 应用程序中提供使用 Zug ID 的服务。

（8）公民通过在用户的 Uport 应用程序中显示自己的 Zug ID 来访问多个服务，在这种情况下，在即将到来的节日上进行投票。

在试验阶段，有 350 名注册公民成功地创建了一个数字身份证，并经

Uport 核实。70 名公民参加了在即将到来的节日上燃放烟花的投票。用户跳过烦琐的登录过程，使用 Uport 账户登录、投票，然后在没有前往投票站的情况下注销。可以在不依赖中介机构或计票基础设施的情况下核实谁投票。试验表明，用户控制的身份支持电子投票计划的现代化，这将为城市节省数百万人和生产力成本。

Zug 的市民也可以使用数字身份证获得整个城市的特定服务。例如，AirBie 是一种自行车共享服务。这只允许通过 Uport 分布式身份访问他们的自行车。用户跳过烦琐的注册过程，只需登录到启用 Uport 的 Zug ID 即可免费访问 AirBie 密码自行车长达 20 小时。

Uport 分散的 ID 是创建许多"智能城市"服务的第一步，安全的一步，即使用自主公共汽车、豪华汽车共享应用程序和从图书馆借阅书籍。

9.3　文化教育领域的应用案例

9.3.1　EDUBLOCS 项目

EDUBLOCS 项目是由巴塞罗那大学教育研究学会开发的教育区块链项目，主要目标定位是建立一个能够完整记录学习活动全过程的系统，利用区块链技术进行管理评估流程，由此形成学生的个人专属学习活动行程表，并通过学科导师共同参与建立形成性评价和认证鉴定。其技术实现路径主要有以下几个方面。

（1）该项目提供 5 个学习活动区块，分别是：小组讨论会、开发使用特定技术的技能、参与性会议、研讨会个人展示、撰写学术文章。学生必须执行每个区块中的至少一个活动，最多选择 8 个活动。

（2）通过算法分析初步调查表，检测学生的学习需求、能力和兴趣。

（3）学生与小组导师协商选择系统提供的学习活动行程建议，在整个课程学习过程中，相关课程要素可能会得到补充或替换。

（4）通过"技术强化评估"（Technology Enhanced Assessment，TEA）应用程序，辅导员将实现对于小组成员学习行为活动的访问监督。该系统包括用于定量和定性评估的资源，有价值的信息将被上传至区块链。任何学生（实际上是任何人）都可以在区块链上进行查询，查询将返回匿名信息，这些信息涉及在不同活动中获得的结果、学生人数，学习活动行程监控等。

（5）整个教育过程数据的记录主要依靠项目教育区块链成绩册，通过登录以太坊账号进行数据传输，实现分数信息可验证、永久性、不可更改及不可删除。

EDUBLOCS 项目利用区块链技术管理学生个性化学习过程，将教育主体认证的时间范围和容量信息扩大，从结果导向的学历证书保存认证推广到过程导向的学习经历监督评估，从而能够在真正意义上实现综合评价和过程信息的记录存储。从职教人才的培养规律来看，除理论知识水平外，操作技能所代表的实践能力也构成考察职业学校人才培养质量和学生就业能力的重要参考标准。理论知识水平一般通过常规考试等传统方式进行测评，以证书或考试成绩的方式予以呈现保存，这也是以学历认证或电子证书为主要产品的教育区块链项目着力解决的问题，但在职业教育领域同样重要的技能水平和实践操作能力等学习过程信息无法得到妥善处理。EDUBLOCS 项目的技术实现过程为解决这一问题提供了参考思路。

9.3.2　DISCIPLINA 项目

DISCIPLINA 教育就业区块链项目成立于 2017 年，中心办公室位于俄罗斯圣彼得堡，在美国和爱沙尼亚设有代表处，主要目标定位是通过区块链在教育中的应用解决就业环节劳动力雇佣双方信息不对称的问题。根据其官方网站的产品介绍，该项目利用区块链技术优化教育过程中的师生互动，以分布式记账技术实现学生表现评分和师生评论的真实有效，在这种情况下生成的学生教育信息和综合评价能够在学校向用人单位提供资料审核时确保职位候选人的信息可靠性；与此同时，雇用单位可按技能需求在其区块链产品中详细搜索符合条件的候选人，保障雇主的人才需求得到充分满足。

DISCIPLINA 教育就业区块链项目的主要技术实现路径如下。

（1）用一种功能性编程语言 Haskell 进行代码编写，可在编译阶段捕获大多数错误，确保代码较高的准确性和信任度。

（2）通过个人技能和职业资格分析系统对教育过程数据进行分析，以资料验证的方式创建个人职业资格列表，从而帮助用人单位使用该项目的搜索引擎和数据公开算法选择最合适的职位候选人。

（3）通过数据披露算法保证数据接收方的信息准确性，同时确保信息提供方无须面临在公共领域暴露个人隐私数据的风险。

（4）通过私有-公共区块链确保数据的机密性和可靠性，私链部分将包含数据本身，公链部分将包含对其可靠性的加密确认。

（5）构建信任网，任何用户都将能够评估网络中其他成员的可信度。未来系统将基于评估结果为每个网络用户建立一个等级，从中挑选信誉良好的教育机构。

DISCIPLINA 教育就业区块链项目虽然也包含学生教育信息和综合评价，但更加强调在就业环节对于用人单位和就业者的帮助和促进作用。这一项目将区块链技术分布式记账的加密属性用于个人就业信息的隐私保护和雇佣双方的精准匹配，通过人才搜索引擎和数据公开算法帮助用人单位挑选合适的职位候选人。职教学生的就业环节中，校企双方往往在人才供需的信息资源对接方面存在一定障碍。企业用人单位难以掌握学生的整体能力素质图谱，无法评估学生的团队协作、个人品质等与工作岗位相关的非认知能力；即使校企之间存在传统的沟通交流渠道，作为人才输出方的职业学校及学生个人也很难准确预估行业企业瞬息万变的人才知识技能需求。DISCIPLINA 教育就业区块链项目的应用推广能为我国职业教育环节实现供需双方精准匹配提供一定借鉴参考。

9.3.3　Blockcerts 学历认证平台

Learning Machine 与麻省理工学院的 Media Lab 合作创建了 Blockerts，一个可以创建、办法并验证基于区块链的学历证明文件的开放平台。通过在区块链上创建类似学术成绩单和资格证书这样的记录，利用 Blockcerts 可以审查文件是否可信并发现伪造的信息。

Blockcerts 是一个开放的标准，用于构建发布和验证基于区块链的官方记录的应用程序。这些可能包括公民记录证书、学历证书、专业执照、员工队伍发展证书等。

Blockcerts 由开放源码库、工具和移动应用程序组成，它们支持分散的、基于标准的、以接收者为中心的生态系统，通过区块链技术实现不信任的验证（见图 9-3）。

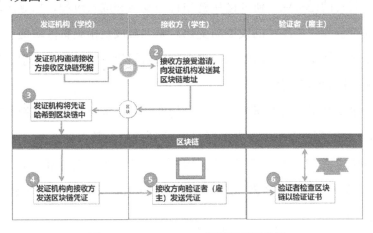

图 9-3　Blockcerts——学历证书区块链

这些开源 Repos 可以被其他研究项目和商业开发人员使用，它包含用于创建、发布、查看和验证跨任何块链的证书的组件。这些组成部分构成了一个完整的生态系统所需的所有部分。

Blockcerts 使用并鼓励对开放标准的整合。Blockcerts 致力于所有参与者的自我主权身份，并通过证书钱包（移动应用）等易于使用的工具，使接收者能够控制他们的索赔。Blockcerts 还致力于发挥凭据的可用性，没有单一的故障点。

181

区块链项目的价值评估模型

2017 年的 9 月，我们在上海组建了一个虚拟的组织"共识区块链经济研究院"，其目的是关注和研究区块链项目的发展和成长过程，探寻区块链项目本身的价值和技术路线的发展与变化。研究院成员由具备区块链项目实践经验的十多位博士和博士后组成，来自美国斯坦福大学、清华大学、复旦大学、中央财经大学等高校。

我们希望利用各自的研究成果，一起推动区块链行业健康、稳健、持续的发展。共识区块链经济研究院通过对项目资料及数据的采集、整理和分析，初步构建了 13 个区块链项目的关键价值评价指标，每个指标分别有 5～10 个衡量因子，是一个多因子的评价体系，图 A-1 是我们的区块链项目价值评估系统。

以下为共识区块链经济研究院的 13 个关键价值评价指标。

（1）通证功效：是指通证的功能和使用效率，包括了明确的激励结构、稳定的因素、通证与 DApp 之间的牢固联系，以及是否有庞大的用户市场；通证的实用程序及使用效率，是否可以适应一个更大的生态系统，可以促进它的持续运转；通证的属性，是不是证券类的通证等。

（2）自治社区：包括了用户社群是如何分布的，现在和将来如何对待用户社群，如何与用户社群进行交互，各小组成员的需求如何实现，社区用户是否有平等的心态和更有力的服务，项目是否得到社区的长期的支持。

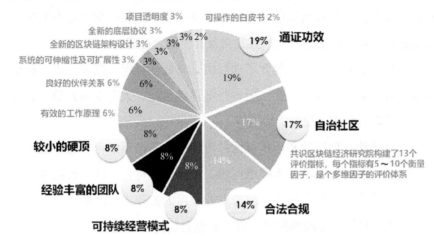

图 A-1 共识区块链经济研究院：区块链项目价值评估系统

（3）合法合规：包括了是否有适当的备案登记，是否有合理的机构资金投资比例，是否有经验丰富的董事会成员，是否更加重视 KYC/AML，是否有公正的整体监管空间等。

（4）可持续经营模式：可持续的商业模式意味着项目的目标是可以解决现实世界的问题，并且有能力在项目获得最初的资助之后创造利润。可细分的衡量因子包括商业模式的结构、盈利模型、项目成本结构、未来盈利预期等。

（5）经验丰富的团队：团队成员的是否有相关工作经历，是否有更好的营销人员，是否有更好的产品创造人员，是否在各自的技术领域拥有更多经验。一个经验丰富的好团队可以将降低噪声，加速项目的发展。

（6）较小的硬顶：硬顶是指如果募资到达硬顶，募资自动结束，不会超募。小的硬顶可以从另一个方面来判断团队成员对项目的信心，他们不需要募集太多的资金，并且期望后续项目的成功会给他们带来更大的收益。小的硬顶也包含了通证较小的发行总规模。通证是可以无限拆分的，为什么需要非常大的规模？

（7）有效的工作原理：包含了基础网络层的数据层和网络层是否可以有效地协同工作，中间协议层的共识层、激励层和合约层的交互是否通畅，各种算法的运行和工作是否有效，其预测及计算是否准确等。

（8）良好的伙伴关系：包含了项目团队与社区组织、媒体、投资机构、共同参与者、基金会成员、交易所、外部评级机构、大会组织方等的合作伙伴之间，是否有默契、配合、协同等。

（9）系统的可伸缩性和可扩展性：可伸缩性是指系统可以保存数万亿的数据或记录，同时可以不损害网络同步、安全性、可访问性或数据完整性的能力。可扩展性指的是系统可以随着商业应用的扩张、社区用户增长，数据及交易放大，可以做相应的扩展，以维系项目的持续发展。

（10）全新的区块链架构设计：是指该项目的区块链架构及模块设计是否有创新，是否有完整的设计理念和逻辑，是否可以解决一个现实世界的实际问题，是否包含独特的创意和技术结构等。

（11）全新的底层协议：是指该项目的底层协议是否在共识机制、分布式数据、密码学技术、智能合约、认证接入、节点管理等方面有创新和独特的创意，是否与目前已经公开的项目有实质性的区别；其技术的成熟度如何，适用性如何，协同交互性如何等。

（12）项目透明度：是指该项目在运行的过程中，是否公开信息披露，包括每周的项目进度报告，每月、每季度及年度的总结报告，Github 的代码公开情况，代码更新速度及频率，代码的质量，各种说明会及沟通的时效性，问题说明，负面新闻处理，技术问题处理的时效性等。

（13）可操作的白皮书：是指该项目的白皮书有完整的描述，合理的逻辑和条理，技术上的可操作性，商业上的可执行性等等。

区块链行业还处于技术发展的初期，目前行业的混乱和疯狂都是暂时的，它需要更多的呵护和引导，需要相对稳定的环境来做技术的持续突破和发展。

区块链常用术语（A～Z）

激励层（Actuator Layer）：主要包括经济激励的发行制度和分配制度，其功能是提供一定的激励措施，鼓励节点参与区块链中安全验证工作，并将经济因素纳入区块链技术体系中，激励遵守规则参与记账的节点，并惩罚不遵守规则的节点。

地址（Address）：加密货币地址用于在网络上发送或接收交易。地址通常表示为数字字符。

应用层（Application Layer）：应用层封装了各种应用场景和案例，类似于电脑操作系统上的应用程序、互联网浏览器上的门户网站、搜寻引擎、电子商城或手机端上的 App，将区块链技术应用部署在如以太坊、EOS、QTUM 上并在现实生活场景中落地。未来的可编程金融和可编程社会也将会搭建在应用层上。

联盟链（Alliance Chain）：只针对某个特定群体的成员和有限的第三方，其内部指定多个预选节点为记账人，每个区块的生成由所有的预选节点共同决定。

专用集成电路（ASIC）：通常，与 Gpu 相比，ASIC 专门用于挖矿，可能会节省大量能源。

比特币（Bitcoin）：Bitcoin 是在全球对等网络上运行的第一个去中心化

开放源代码的加密货币，不需要中间商和集中式发行商。

区块体（Block Body）：记录一定时间内所生成的详细数据，包括当前区块经过验证的、区块创建过程中生成的所有交易记录或其他信息，可以理解为账本的一种表现形式。

区块资源管理器（Block Explorer）：区块资源管理器是一种用来查看区块上的所有交易（过去和当前）在线工具。它们提供有用的信息，如网络哈希率和交易增长率。

区块头（Block Header）：记录当前区块的元信息，包含当前版本号、上一区块的哈希值、时间戳、随机数、Merkle Root 的哈希值等数据。此外，区块体的数据记录通过 Merkle Tree 的哈希过程生成唯一的 Merkle Root 记录于区块头。

区块高度（Block Height）：连接在区块链上的块数。

区块奖励（Block Reward）：它是在采矿期间成功计算区块中的哈希的矿工的一种激励形式。在区块链上的交易验证的过程中产生新的币，并且矿工被奖励其中的一部分。

区块（Block）：区块是在区块链网络上承载永久记录的数据的数据包。

区块链（BlockChain）：区块链是一个共享的分布式账本，其中交易通过附加块永久记录。区块链作为所有交易的历史记录，从发生块到最新的块，因此命名为 BlockChain（区块链）。

区块大小（Block Size）：区块链的每个区块，都是用来承载某个时间段内的数据的，每个区块通过时间的先后顺序，使用密码学技术将其串联起来，形成一个完整的分布式数据库，区块容量代表了一个区块能容纳多少数据的能力。

拜占庭将军问题（Byzantine Failures）：拜占庭将军问题是由莱斯利·兰伯特提出的点对点通信中的基本问题。含义是在存在消息丢失的不可靠信道上试图通过消息传递的方式达到一致性是不可能的。因此对一致性的研究一般假设信道是可靠的，或不存在本问题。

链（Chain）：链是由区块按照发生的时间顺序，通过区块的哈希值串联而成的，是区块交易记录及状态变化的日志记录。

确认（Confirmation）：去中心化的一次交易，将其添加到区块链的成功确认。

共识层（Consensus Layer）：主要包含共识算法及共识机制，能让高度分散的节点在去中心化的区块链网络中高效地针对区块数据的有效性达成共识，是区块链的核心技术之一，也是区块链社区的治理机制。目前，至少有数十种共识机制算法，包含工作证明、权益证明、权益授权证明、燃烧证明、重要性证明等。数据层、网络层、共识层是构建区块链技术的必要元素，缺少任何一层都不能称之为真正意义上的区块链技术。

共识（Consensus）：当所有网络参与者同意交易的有效性时，达成共识，确保分布式账本是彼此的精确副本。

合约层（Contract Layer）：主要包括各种脚本、代码、算法机制及智能合约，是区块链可编程的基础。将代码嵌入区块链或是令牌中，实现可以自定义的智能合约，并在达到某个确定的约束条件下，无须经由第三方就能自动执行，是区块链去信任的基础。

加密货币（Cryptocurrency）：也称为令牌。加密货币是数字资产的呈现方式。

加密哈希函数（Cryptographic Hash Function）：密码哈希产生从可变大小交易输入固定大小和唯一哈希值。SHA-256 计算算法是加密散列的一个例子。

密码学（Cryptography）：是数学和计算机科学的分支，同时其原理大量涉及信息论。密码学不只关注信息保密问题，还同时涉及信息完整性验证（消息验证码）、信息发布的不可抵赖性（数字签名），以及在分布式计算中产生的来源于内部和外部攻击的所有信息安全问题。

分布式自治组织（Decentralized Autonomous Organization，DAO）：旨在在没有人工监督的情况下运行，使用由区块链上的智能合约网络支持和分布式控制模型。DAO 意味着日常决策不是由人工管理团队做出的，而是通过智能合约中嵌入的一系列编码算法做出的。

分布式应用程序（DApp）：也称为去中心化应用程序，一种开源、分散的应用程序，自动运行，将其数据存储在区块链上，以密码令牌的形式激励，并以显示有价值证明的协议进行操作，没有实体控制其大部分代币。

数据层（Data Layer）：主要描述区块链的物理形式，是区块链上从创世区块起始的链式结构，包含区块链的区块数据。

分布式金融（Decentralized Finance）：是指那些在开放的去中心化网络中发展而出的各类金融领域的应用，目标是建立一个多层面的金融系统，以区块链技术和密码货币为基础，重新创造并完善已有的金融体系。

数字签名（Digital Signature）：通过公钥加密生成的数字代码，附加到电子传输的文档以验证其内容和发件人的身份。

分布式账本（Distributed Ledger）：数据通过分布式节点网络进行存储。分布式账本不是必须具有自己的货币，它可能会被许可和私有。

分布式网络（Distributed Network）：处理能力和数据分布在节点上而不是拥有集中式数据中心的一种网络。

分布式哈希表（Distributed Hash Table，DHT）：是一种分布式存储方法。在不需要服务器的情况下，每个客户端负责一个小范围的路由，并负责存储一小部分数据，从而实现整个 DHT 网络的寻址和存储。

以太坊（Ethereum）：Ethereum 是一个基于 Blockchain 的去中心化运行智能合约的平台，旨在解决与审查，欺诈和第三方干扰相关的问题。

福费廷（Forfaiting）：福费廷业务也称为买断或包买票据，是基于进出口贸易的一种融资方式，指银行从出口商那里无追索权地买断通常由开证行承诺付款的远期款项。

分叉（Fork）：可以创建区块链的交叉版本，在网络不同的地方兼容的运行两个区块链。

分布式云存储服务商（Filecoin）：是一个去中心化的存储协议，它可以把你的文件拆分成很多份匿名保存在世界各地不同的计算机上，你不再必须信任一家公司的数据库。通过该存储协议，任何人都可以在他们的计算机上把剩余存储空间出租出去，当然，任何人也可以在这个网络上购买存储空间。与 Filecoin 系统相关联的是星际文件系统（InterPlanetary File System，IPFS）。

气体（Gas）：一个与计算步骤大致相当的测量法（以太坊）。每笔交易都需要包括一个 Gas 限制和一个愿意为每个 Gas 支付的费用；矿工可以选择进行交易和收费。每个操作都有一个 Gas 支出；对于大多数操作来说，支出范围在 3~10 美元，虽然一些昂贵的操作花费高达 700 美元，但一般这种情况下，交易本身花费高达 21 000 美元。

创世区块（Genesis Block）：区块链的第一个区块。

硬分叉（Hard Fork）：一种使以前无效的交易有效的分叉类型，反之亦然。这种类型的分叉需要所有节点和用户升级到最新版本的协议软件。

哈希值（Hash）：对输出数据执行散列函数的行为。这是用于确认货币交易。

HNT（Helium）：Helium 由 Shawn Fning、Amir Haleem 和 Sean Carey 于 2013 年创立，其使命是让构建联网设备变得更容易。有了 Helium 热点，任何人都可以通过在他们所在的城市建立无线网络并创造更具连通性的未来来赚取加密货币。

开源区块链分布式账本（Hyperledger Fabric）：Hyperledger Fabric 是由 Linux 基金会发起创建的开源区块链分布式账本。Hyperledger Fabric 是一个开源区块链实现，开发环境建立在 VirtualBox 虚拟机上，部署环境可以自建网络，也可以直接部署在 BlueMix 上，部署方式可传统可 Docker 化，共识达成算法插件化，支持用 Go M2M 和 JavaScript 开发智能合约，尤以企业级的安全机制和 membership 机制为特色。

首次代币发行（Intial Coin Offering，ICO）：一种为加密数字货币/区块链项目筹措资金的常用方式，早期参与者可以从中获得初始产生的加密数字货币作为回报。由于代币具有市场价值，可以兑换成法币，从而支持项目的开发成本。

埃欧塔（IOTA）：一种新型的数字加密货币，专注于解决机器与机器（M2M）之间的交易问题。通过实现机器与机器间无交易费用的支付来构建未来机器经济。

艾坦星（IOTX）：IOTX 是面向物联网（IoT）的可自动扩展和以隐私为中心的区块链基础架构。IoTX 致力于以轻量级、私密性和易扩展的颠覆式区块链底层技术，构建支持物联网应用的下一代区块链平台。

了解你的客户（Know Your Customer，KYC）：KYC 的意思是了解你的客户，在国际《反洗钱法》条例中，要求各组织要对自己的客户有全面的了解，以预测和发现商业行为中的不合理之处和潜在违法行为。

梅克尔树（Merkle Tree）：梅克尔树（又叫哈希树）是一种二叉树，是一种高效和安全的组织数据的方法，被用来快速查询验证特定交易是否存在，由一个根节点、一组中间节点和一组叶节点组成。它使用哈希算法将大量的书面信息转换成一串独立的字母或数字。最底层的叶节点包含存储数据或其哈希值，每个中间节点是它的两个子节点内容的哈希值，根节点也是由它的两个子节点内容的哈希值组成。

挖矿（Mining）：挖矿是验证区块链交易的行为。验证的必要性通常以货币的形式奖励给矿工。在这个密码安全的繁荣期间，当正确完成计算，采矿可以是一个有利可图的业务。通过选择最有效和最适合的硬件和采矿目标，采矿可以产生稳定的被动收入形式。

多重签名（Multi-Signature）：多重签名地址需要一个以上的密钥来授权交易，从而增加了一层安全性。

网络层（Network Layer）：主要通过 P2P 技术实现分布式网络机制，包括 P2P 组网机制、数据传播机制和数据验证机制，因此区块链本质上是一个 P2P 的网络，具备自动组网的机制，节点之间通过为一个共同的区块链结构来保持通信。

节点（Node）：由区块链网络的参与者操作的分类账的副本。

开放音乐倡议（OMI）：OMI 创建一个开放源代码协议，用于统一识别音乐版权持有者和创作者。OMI 没有建立一个数据库或一个特定的产品。OMI 的成果将是 API 规范，以实现行业平台的互操作性。

链下（Off-Chain）：区块链系统从功能角度讲，是一个价值交换网络，链下是指不存储于区块链上的数据。

预言机（Oracle Machine）：预言机是一种可信任的实体，它通过签名引入关于外部世界状态的信息，从而允许确定的智能合约对不确定的外部世界做出反应。预言机具有不可篡改、服务稳定、可审计等特点，并具有经济激励机制以保证运行的动力。

点对点（Peer to Peer，P2P）：通过允许单个节点与其他节点直接交互，无须通过中介机构，从而实现整个系统像有组织的集体一样运作的系统。

侧链（Pegged Side chains）：可以实现比特币和其他数字资产在多个区块链间的转移，这就意味着用户们在使用他们已有资产的情况下，就可以访问新的加密货币系统。

权益证明（PoS）：Proof of Stake，根据你持有货币的量和时间进行利息分配的制度，在 PoS 模式下，你的"挖矿"收益正比于你的币龄，而与算力无关。

工作量证明（PoW）：Proof of Work，是指获得多少货币，取决于你挖矿贡献的工作量，算力越大，分给你的矿就会越多。

私钥（Private Key）：私钥是一串数据，它是允许您访问特定钱包中的令牌。它们作为密码，除了地址的所有者之外，都被隐藏。

公用地址（Public Address）：公共地址是公钥的密码哈希值。它们作为可以在任何地方发布的电子邮件地址，与私钥不同。

公有链（Public Chains）：是指全世界任何人都可读取、发送交易且交易能获得有效确认的、也可以参与其中共识过程的区块链。

SHA-256（一种加密算法）：SHA-256 是比特币一系列数字货币使用的加密算法。然而，它使用了大量的计算能力和处理时间，迫使矿工组建采矿池以获取收益。

智能合约（Smart Contracts）：智能合约将可编程语言的业务规则编码到区块上，并由网络的参与者实施。

软分叉（Soft Fork）：软分叉与硬分叉不同之处在于，只有先前有效的交易才能使其无效。由于旧节点将新的区块识别为有效，所以软分支基本上是向后兼容的。这种分支需要大多数矿工升级才能执行，而硬分支需要所有节点就新版本达成一致。

时间戳（Time Stamp）：时间戳从区块生成的那一刻起就存在于区块之中，是用于标识交易时间的字符序列，具备唯一性，时间戳用以记录并表明存在的、完整的、可验证的数据，是每一次交易记录的认证。

交易区块（Transaction Block）：聚集到一个块中的交易的集合，然后可以将其散列并添加到区块链中。

手续费（Transaction Fee）：所有的加密货币交易都会涉及一笔很小的手续费。这些手续费用加起来给矿工在成功处理区块时收到的区块奖励。

钱包（Wallet）：一个包含私钥的文件。它通常包含一个软件客户端，允许访问查看和创建钱包所设计的特定块链的交易。

零知识证明（Zero-Knowledge Proof）：一种基于概率的验证方法。指的是证明者能够在不向验证者提供任何有用的信息的情况下，使验证者相信某个论断是正确的。"零知识证明"实质上是一种涉及两方或更多方的协议，即两方或更多方完成一项任务所需采取的一系列步骤。证明者向验证者证明并使其相信自己知道或拥有某一消息，但证明过程不能向验证者泄露任何关于被证明消息的信息。

结　语

区块链的终极目标是在改变生产关系的同时，最大限度地解放生产力，让人可以完全在生产过程当中脱离出来，也就是说区块链是在构建一个未来人工智能网络的基础层网络。

在区块链时代，人最终是会被智能设备（机器）取代的，银行繁杂的结算系统也会被通证结算系统取代。这时，解放出来的生产力是互联网时代的 N 倍，我们可以完全进入智能时代，是个睡着享受收益的时代，你可以雇用机器为你工作，如为你生产、处理、销售数据，同时获取最大的利润。

区块链本质上不属于互联网，也不是互联网的延续，它更为接近人工智能+物联网（AIoT），它是人工智能和物联网的基础网络与结算系统，它和活跃用户数无关，但是与智能设备的接入数量强相关。互联网是一个人机交互的网络，人是非常关键的计数单位，全球有将近 50 亿台终端设备接入互联网，其背后都是人在使用它，所以用户体验、活跃用户数等也成为关键的考量因素。区块链网络，其核心是机器与机器的交互，它更多考虑的是交易的规则、交易的速度、交易的效率、交易的安全性和交易的不可篡改等，不需要考虑人的各种因素。区块链是智能时代的基础协议。

到 2022 年有将近 1 万亿台智能设备接入区块链网络，它是目前互联网规模的 200 倍，其形成的智能网络超级庞大。

互联网和区块链的本质的区别在于：代码即法律是为机器服务的，而不是人，区块链的网络连接的是机器，而互联网连接的是机器背后的人。区块链的通证是一个大机器时代的结算系统，而互联网的结算系统是传统银行。

为什么互联网现有的结算系统不可以成为大机器时代的结算系统？因

为 Token 是加密的、不可篡改的、可以无限拆分的，同时具备相应的安全保障等，Token 的出现就是为智能时代而生的，是智能时代的主要交易和流通工具。

加密货币银行未来会逐步崛起，它的主要服务对象是区块链技术延伸出的商业主体：智能设备生产厂商、交易所、公链服务商、矿工和矿池等，它们和传统的金融机构之间，不会存在太多的交集。

和机器人相比，人类最大的劣势，是不能让大脑接入互联网，所以没办法以去中心化的方式运算和思考。区块链通过去中心化的技术，为我们构造了一个共享的数据库，在这个共享数据库之上又为我们构造了共享的虚拟计算机，让我们可以把代码部署到区块链这个分布式系统上，让机器来帮助我们执行代码。

未来的商业格局将会是三分天下，传统企业、互联网企业、区块链企业（包含 AIoT），三者之间有部分交融和重叠，但都会是独立地发展。

参考文献

[1] 彼得·蒂尔，布莱克·马斯特斯. 从 0 到 1：开启商业与未来的秘密［M］. 高玉芳，译.北京：中信出版社，2015.

[2] 高志豪. 公有链和联盟链的道法术器［J］. 金卡工程，2017（3）:35-39.

[3] 埃莉诺·奥斯特罗姆. 公共事物的治理之道：集体行动制度的演进［M］. 余逊达，陈旭东，译. 上海：上海译文出版社，2012.

反侵权盗版声明

　　电子工业出版社依法对本作品享有专有出版权。任何未经权利人书面许可，复制、销售或通过信息网络传播本作品的行为；歪曲、篡改、剽窃本作品的行为，均违反《中华人民共和国著作权法》，其行为人应承担相应的民事责任和行政责任，构成犯罪的，将被依法追究刑事责任。

　　为了维护市场秩序，保护权利人的合法权益，我社将依法查处和打击侵权盗版的单位和个人。欢迎社会各界人士积极举报侵权盗版行为，本社将奖励举报有功人员，并保证举报人的信息不被泄露。

举报电话：（010）88254396；（010）88258888

传　　真：（010）88254397

E-mail：　dbqq@phei.com.cn

通信地址：北京市万寿路 173 信箱
　　　　　电子工业出版社总编办公室

邮　　编：100036